$$Y_{00}(\theta,\phi) = \frac{1}{\sqrt{4\pi}},$$

$$Y_{1,\pm 1}(\theta,\phi) = \mp\frac{1}{2}\sqrt{\frac{3}{2\pi}}\sin\theta e^{\pm i\phi},$$

$$Y_{1,0}(\theta,\phi) = \frac{1}{2}\sqrt{\frac{3}{\pi}}\cos\theta,$$

$$Y_{2,\pm 2}(\theta,\phi) = \frac{1}{4}\sqrt{\frac{3\cdot 5}{2\pi}}\sin^2\theta e^{\pm i2\phi},$$

$$Y_{2,\pm 1}(\theta,\phi) = \mp\frac{1}{2}\sqrt{\frac{3\cdot 5}{2\pi}}\cos\theta\sin\theta e^{\pm i\phi},$$

$$Y_{2,0}(\theta,\phi) = \frac{1}{4}\sqrt{\frac{5}{\pi}}(3\cos^2\theta - 1),$$

$$\hat{\ell}^2 Y_{\ell m}(\theta,\phi) = \hbar^2\ell(\ell+1)Y_{\ell m}(\theta,\phi),\ (\ell=0,1,2,\ldots),$$

$$\hat{\ell}_z Y_{\ell m}(\theta,\phi) = \hbar m Y_{\ell m}(\theta,\phi),\ (-\ell \le m \le \ell),$$

$$\hat{\ell}_\pm Y_{\ell m}(\theta,\phi) = \begin{cases} \hbar\sqrt{\ell(\ell+1)-m(m\pm 1)}Y_{\ell m\pm 1}(\theta,\phi), \\ \hbar\sqrt{(\ell\mp m)(\ell\pm m+1)}Y_{\ell m\pm 1}(\theta,\phi), \end{cases}$$

$$\int_0^\pi \sin\theta d\theta \int_0^{2\pi} d\phi\ Y^*_{\ell m}(\theta,\phi)Y_{\ell' m'}(\theta,\phi) = \delta_{\ell\ell'}\delta_{mm'}$$

**3次元系の運動量エネルギー演算子を角運動量演算子で表した表現**

$$\hat{K} = -\frac{\hbar^2}{2\mu}\Big(\frac{\partial^2}{\partial r^2} + \frac{2}{r}\frac{\partial}{\partial r}\Big) + \frac{\hat{\ell}^2}{2\mu r^2}$$

**3次元系の中心力ポテンシャル $V(r)$ に対する動径波動関数 $R(r) = \chi(r)/r$ の満たすシュレディンガー方程式**

$$-\frac{\hbar^2}{2\mu}\left[\frac{d^2 R}{dr^2} + \frac{2}{r}\frac{dR}{dr}\right] + \left[V(r) + \frac{\ell(\ell+1)\hbar^2}{2\mu r^2}\right]R = ER,$$

$$-\frac{\hbar^2}{2\mu}\left[\frac{d^2\chi(r)}{dr^2}\right] + \left[V(r) + \frac{\ell(\ell+1)\hbar^2}{2\mu r^2}\right]\chi(r) = E\chi(r)$$

**空間並進, 時間変位, 空間回転という変換 (能動的な見方)**

$$\hat{U}_s(\boldsymbol{a}) = e^{-i\boldsymbol{a}\cdot\hat{\boldsymbol{p}}/\hbar},\quad \hat{U}_t(\varepsilon) = e^{i\varepsilon\hat{H}/\hbar},\quad \hat{U}_z(\theta) = e^{-i\theta\hat{\ell}_z/\hbar}$$

**スピン演算子とパウリ行列**　　$\hat{s}_x = \hbar\hat{\sigma}_x/2,\ \hat{s}_y = \hbar\hat{\sigma}_y/2, \hat{s}_z = \hbar\hat{\sigma}_z/2$

$$[\hat{s}_x,\hat{s}_y] = i\hbar\hat{s}_z,\ [\hat{s}_y,\hat{s}_z] = i\hbar\hat{s}_x,\ [\hat{s}_z,\hat{s}_x] = i\hbar\hat{s}_y$$

$$\hat{\sigma}_x \equiv \begin{pmatrix} 0 & 1 \\ 1 & 0 \end{pmatrix},\ \hat{\sigma}_y \equiv \begin{pmatrix} 0 & -i \\ i & 0 \end{pmatrix},\ \hat{\sigma}_z \equiv \begin{pmatrix} 1 & 0 \\ 0 & -1 \end{pmatrix}$$

# スピンと角運動量
## 量子の世界の回転運動を理解するために

岡本良治 [著]

須藤彰三
岡　真 [監修]

共立出版

# 刊行の言葉

物理学は，大学の理系学生にとって非常に重要な科目ですが，"難しい" という声をよく聞きます．一生懸命，教科書を読んでいるのに分からないと言うのです．そんな時，私たちは，スポーツや楽器（ピアノやバイオリン）の演奏と同じように，教科書でひと通り "基礎" を勉強した後は，ひたすら（コツコツ） "練習（トレーニング）" が必要だと答えるようにしています．つまり，1つ物理法則を学んだら，必ずそれに関連した練習問題を解くという学習方法が，最も物理を理解する近道であると考えています．

現在，多くの教科書が書店に並んでいますが，皆さんの学習に適した演習書（問題集）は，ほとんど見当たりません．そこで，毎日1題，1ヵ月間解くことによって，各教科の基礎を理解したと感じることのできる問題集の出版を計画しました．この本は，重要な例題30問とそれに関連した発展問題からなっています．

物理学を理解するうえで，もう1つ問題があります．物理学の言葉は数学で，多くの "等号（＝）" で式が導出されていきます．そして，その等号1つひとつが単なる式変形ではなく，物理的考察が含まれているのです．それも，物理学を難しくしている要因であると考えています．そこで，この演習問題の中の例題では，フロー式，つまり流れるようにすべての導出の過程を丁寧に記述し，等号の意味がわかるようにしました．さらに，頭の中に物理的イメージを描けるように図を1枚挿入することにしました．自分で図に描けない所が，わからない所，理解していない所である場合が多いのです．

私たちは，良い演習問題を毎日コツコツ解くこと，それが物理学の学習のスタンダードだと考えています．皆さんも，このことを実行することによって，驚くほど物理の理解が深まることを実感することでしょう．

須藤 彰三<br>
岡 真

# まえがき

　ニュートン力学など古典物理学において，回転運動とそれを記述する角運動量は重要な物理量です．たとえば，固定された軸まわりの粒子（質点）の回転運動は外部から力のモーメント（またはトルク）を受けない限り，すなわち孤立系において，その角運動量は保存されます．3次元空間において，中心力のもとでも角運動量は保存されます．太陽のまわりの惑星の軌道の大きさと形は，惑星の力学的エネルギーと軌道角運動量を知れば，完全にわかってしまいます．一般に，いろいろな保存則は考えている物理系の対称性と深く結びついています．

　原子の場合にも，原子核のクーロン力という中心力の場の中にある電子に見られるように，角運動量は保存され，重要な役割を果たしています．公転運動（軌道運動）する惑星と電子の間の類似性は惑星が軌道角運動量のほかに自転の角運動量をもっているように，電子がスピンとよばれる固有の角運動量をもっていることで一層強められています．

　本書を利用するにあたり，量子力学におけるスピンと軌道角運動量の基本的な性質とその応用例について問題を解きながら，やさしいところから始まり，一歩ずつ少し深く学んでほしいと思います．大事なことは指先から入るという表現にもあるように，著者の学生時代，研究者になってからの経験から，自分で納得のいく計算ノートを作ることは論理的で，粘り強い思考力を身に着けることに役立つと思います．とかく難しいといわれる量子力学の全体を基礎から理解するについては，本シリーズ，鈴木克彦先生の「シュレディンガー方程式—基礎からの量子力学攻略」などを参考にしてください．

　本書の中で，私が知る限り，類書では意外と取り上げられない内容について紹介します．2次元系における軌道角運動量には量子力学における外部自由度に起因する軌道角運動量の重要な要素が詰まっていて，3次元系に進む上で教育的ではないかと思います．量子系の対称性と保存量について，能動的な見方と受動的な見方を明示し，いずれの方法においても計算方法を説明しました．

スピンについては，量子情報科学という新しい分野の基礎的な理解にも役立つように問題とコラムを配置しました．また，読者のより深い学習への便宜を考え，付録も含め，各章ごとに参考書を紹介しました．

　最後に，本書の執筆にあたり，岡真先生，須藤彰三先生，共立出版の島田誠氏には執筆を勧めていただくなど大変お世話になりました．ここに深く御礼申し上げます．特に，岡先生には全体の構成や原稿の細かい点までコメントとアドバイスをいただきました．島田氏には忍耐強く対応していただきました．また，岡田浩一氏には原稿を見ていただき，コメントをいただきました．

　本書の執筆を依頼されてまもなく，最終講義の2日後に東日本大震災と福島第一原発事故が起こり，いまだに収束していません．このような状況の中での本書の執筆は個人的にも忘れ難い刻印を残しました．

2014年1月　　　　　　　　　　　　　　　　　　　　　　　　　　　岡本良治

# 目 次

**1　2次元系における軌道角運動量とその量子化　　1**
　例題1【軌道角運動量演算子の$z$成分の極座標表示】 . . . . . . .　3
　例題2【2次元回転子における角運動量の量子化】 . . . . . . . . .　6
　例題3【2次元系のハミルトニアン】 . . . . . . . . . . . . . . . . .　8

**2　3次元系における軌道角運動量とその量子化　　11**
　例題4【軌道角運動量演算子の交換関係の証明】 . . . . . . . . . .　16
　例題5【昇降演算子の交換関係】 . . . . . . . . . . . . . . . . . . .　19
　例題6【極座標の偏微分】 . . . . . . . . . . . . . . . . . . . . . . .　21
　例題7【球面調和関数の直交性と規格性】 . . . . . . . . . . . . . .　23
　例題8【角運動量の2乗演算子の固有値】 . . . . . . . . . . . . . .　26
　例題9【角運動量演算子の$z$成分の固有値と昇降演算子の演算】 . .　28
　例題10【軌道角運動量演算子の行列表現】 . . . . . . . . . . . . .　32
　例題11【中心力ポテンシャルが働く3次元系のハミルトニアン】 . .　36

**3　量子系の対称性と保存量　　40**
　例題12【並進・時間変位・回転の演算子の導出】 . . . . . . . . .　45
　例題13【ユニタリ変換された時間依存シュレディンガー方程式】 . .　49

**4　スピン　　51**
　例題14【パウリ行列の性質】 . . . . . . . . . . . . . . . . . . . . .　58
　例題15【スピンの大きさ】 . . . . . . . . . . . . . . . . . . . . . .　60
　例題16【パウリ行列の交換関係と反交換関係】 . . . . . . . . . . .　63
　例題17【パウリ行列，その固有ベクトルへの演算】 . . . . . . . .　65

例題 18【パウリ行列と 2 つの交換するベクトルについての公式】... 67
例題 19【スピン回転の演算子】................ 70
例題 20【$(2 \times 2)$ 行列の完全性】............... 71
例題 21【スピンの空間的回転】................ 74
例題 22【ディラック・ハミルトニアンとスピン，軌道角運動量演算子】................................. 80

## 5　角運動量の合成　　83

例題 23【2 電子のスピンの合成系の状態】.......... 89
例題 24【2 電子の交換相互作用】............... 94
例題 25【スピン間相互作用による 2 電子系の励起スペクトル】... 97
例題 26【電子のスピン角運動量と軌道角運動量の合成】..... 99
例題 27【スピン軌道相互作用に対する軌道角運動量とスピン角運動量の非保存】............................ 103
例題 28【CG 係数の漸化式の証明】.............. 105
例題 29【CG 係数の直交規格性】............... 107

## 6　荷電粒子と電磁場の相互作用　　109

例題 30【ラーモア歳差運動】................. 117

## A　付録　　120

## B　発展問題略解　　129

# 1 2次元系における軌道角運動量とその量子化

重要度 ★★★

―《 内容のまとめ 》―

**軌道角運動量**

古典的粒子の位置ベクトルを $r$, 運動量ベクトルを $p$ とすれば, 角運動量ベクトル $\ell$ とその $z$ 成分 $\ell_z$ はベクトル積(外積)を用いて次のように与えられる.

$$\boldsymbol{\ell} = \boldsymbol{r} \times \boldsymbol{p},$$
$$\ell_z = xp_y - yp_x. \tag{1.1}$$

並進運動の量子化は, 位置座標演算子 $\hat{x}$ と運動量演算子 $\hat{p}_x$ の間の正準交換関係

$$[\hat{x}, \hat{p}_x] = i\hbar \tag{1.2}$$

によりなされる. ただし, i は純虚数であり, ディラック定数 $\hbar$ はプランク定数 $h$ により $\hbar = h/2\pi$ で定義される. 通常は座標表示が採用されて,

$$\hat{x} = x, \tag{1.3}$$
$$\hat{p}_x = \frac{\hbar}{i} \frac{\partial}{\partial x} \tag{1.4}$$

と表される. したがって, 量子的粒子の角運動量演算子の $z$ 成分 $\hat{\ell}_z$ は

$$\hat{\ell}_z = \frac{\hbar}{i} \left( x \frac{\partial}{\partial y} - y \frac{\partial}{\partial x} \right) \tag{1.5}$$

と表される．ここで平面極座標表示

$$x = r\cos\phi, \; y = r\sin\phi \tag{1.6}$$

を導入すると，$\hat{\ell}_z$ は

$$\hat{\ell}_z = \frac{\hbar}{\mathrm{i}} \frac{\partial}{\partial \phi} \tag{1.7}$$

のように，$\phi$ の微分だけで書ける．2 次元における極座標を $(r, \phi)$ とする．ここで扱う角運動量は軌道運動に関係するので，軌道角運動量とよばれ，後に学習するスピンに起因するスピン角運動量とは区別する．

**2 次元系のハミルトニアン**

直交座標で表された 2 次元系のハミルトニアン $\hat{H}$ は，量子的粒子の質量を $\mu$，ポテンシャルを $V(x,y)$ として

$$\hat{H} = -\frac{\hbar^2}{2\mu}\left(\frac{\partial^2}{\partial x^2} + \frac{\partial^2}{\partial y^2}\right) + V(x,y) \tag{1.8}$$

と与えられる．平面極座標表示 (1.6) を用いると 2 次元系のハミルトニアンは

$$\hat{H} = -\frac{\hbar^2}{2\mu}\left(\frac{\partial^2}{\partial r^2} + \frac{1}{r}\frac{\partial}{\partial r}\right) + \frac{\hat{\ell}_z^2}{2\mu r^2} + \tilde{V}(r,\phi) \tag{1.9}$$

と表せる．ただし，$\tilde{V}(r,\phi) \equiv V(r\cos\phi, r\sin\phi)$ と定義した．

---

**コラム**

演算子という用語は英語の operator の翻訳である．しかし，operator は数学分野においては作用素と翻訳される．それぞれの分野の多くの教員，研究者にはこの違いは意識されていないかもしれないが，学生諸君にとっては不都合で，迷惑であろう．

## 例題 1　軌道角運動量演算子の $z$ 成分の極座標表示

$xy$ 面上の量子的粒子の運動を考え，この 2 次元系における軌道角運動量演算子の極座標表現を次のような手順で導出する．以下の問題に答えよ．

(1) 古典的粒子の角運動量の $z$ 成分 $\ell_z$ を記せ．
(2) 量子的粒子の角運動量演算子の $z$ 成分 $\hat{\ell}_z$ の直交直線座標表示を記せ．
(3) 次の偏微分係数を導け．ただし，極座標を $(r, \phi)$ とする．

$$\frac{\partial r}{\partial x} = \cos\phi, \quad \frac{\partial r}{\partial y} = \sin\phi, \quad \frac{\partial \phi}{\partial x} = -\frac{\sin\phi}{r}, \quad \frac{\partial \phi}{\partial y} = \frac{\cos\phi}{r}. \tag{1.10}$$

(4) 前問の結果を用いて，次の式を導け．

$$\frac{\partial}{\partial x} = \cos\phi \frac{\partial}{\partial r} - \frac{\sin\phi}{r} \frac{\partial}{\partial \phi}, \quad \frac{\partial}{\partial y} = \sin\phi \frac{\partial}{\partial r} + \frac{\cos\phi}{r} \frac{\partial}{\partial \phi}. \tag{1.11}$$

(5) $\hat{\ell}_z$ の極座標表示 (1.7) を証明せよ．

## 考え方

偏微分の公式と合成関数の微分の公式を用いて符号に注意しながら計算する．

## ‖解答‖

(1) 題意より $\ell_z = xp_y - yp_x$ のように与えられる（図 1.1 参照）

**ワンポイント解説**

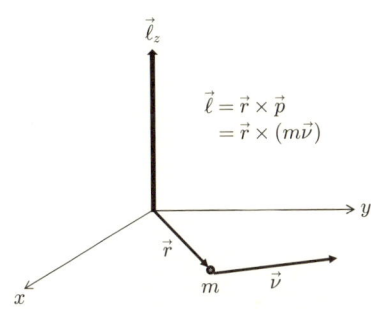

図 1.1: 古典力学における角運動量

(2) 運動量演算子を用いて
$$\hat{\ell}_z = \frac{\hbar}{i}\left(x\frac{\partial}{\partial y} - y\frac{\partial}{\partial x}\right). \quad (1.12)$$

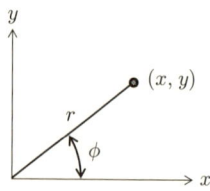

図 1.2: 平面極座標

(3) $x$ についての $r$ の偏微分は，図 1.2 で示すように，
$$\frac{\partial r}{\partial x} = \frac{x}{r} = \cos\phi \quad (1.13)$$
と求められる．$y$ についても同様に計算する．
$$\frac{\partial r}{\partial y} = \sin\phi. \quad (1.14)$$
$y/x = \tan\phi$ の両辺を $x$ について偏微分して
$$\frac{\partial \phi}{\partial x} = -\frac{\sin\phi}{r} \quad (1.15)$$
が得られる．同様に，$y$ について偏微分して
$$\frac{\partial \phi}{\partial y} = \frac{\cos\phi}{r} \quad (1.16)$$
が得られる．

(4) $x, y$ は $r, \phi$ と関数関係があることを考慮すると
$$\frac{\partial}{\partial x} = \frac{\partial r}{\partial x}\frac{\partial}{\partial r} + \frac{\partial \phi}{\partial x}\frac{\partial}{\partial \phi}$$
$$= \cos\phi\frac{\partial}{\partial r} - \frac{\sin\phi}{r}\frac{\partial}{\partial \phi}, \quad (1.17)$$
$$\frac{\partial}{\partial y} = \sin\phi\frac{\partial}{\partial r} + \frac{\cos\phi}{r}\frac{\partial}{\partial \phi} \quad (1.18)$$
と表せる．

- $x = r\cos\phi$,
  $y = r\sin\phi$,
  $r = \sqrt{x^2 + y^2}$,
  $\tan\phi = y/x$.
  $x^2 + y^2 = u$ とおくと，$\frac{\partial u}{\partial x} = 2x$,
  $\frac{\partial \sqrt{u}}{\partial x} = \frac{\partial u}{\partial x}\frac{d\sqrt{u}}{du}$.
- $\frac{\partial}{\partial x}\left(\frac{y}{x}\right) = -\frac{y}{x^2}$,
  $\frac{\partial \tan\phi}{\partial x} = \frac{1}{\cos^2\phi}\frac{\partial \phi}{\partial x}$.

- 合成関数の偏微分公式を用いる．

(5) 以上の結果より

$$\hat{\ell}_z = \frac{\hbar}{\mathrm{i}} r \cos\phi \left( \sin\phi \frac{\partial}{\partial r} + \frac{\cos\phi}{r} \frac{\partial}{\partial \phi} \right)$$
$$- \frac{\hbar}{\mathrm{i}} r \sin\phi \left( \cos\phi \frac{\partial}{\partial r} - \frac{\sin\phi}{r} \frac{\partial}{\partial \phi} \right)$$
$$= \frac{\hbar}{\mathrm{i}} \frac{\partial}{\partial \phi}.$$

→ 相加される項と相殺しあう項に注意する．

## 例題1の発展問題

**1-1.** 3次元空間における極座標表示は

$$x = r\sin\theta\cos\phi, \ y = r\sin\theta\sin\phi, \ z = r\cos\theta$$

と表される．ここで，$\theta$ は $z$ 軸からの位置ベクトルの傾き角である．（$\phi$ が $x, y$ の関数であること，すなわち $y/x = \tan\phi$ を考慮して合成関数の微分公式を用いて）$\phi$ についての偏微分を $x, y$ についての偏微分により計算して，3次元空間における角運動量演算子の $z$ 成分の極座標表示が2次元の場合と同じことを確かめよ．

## 例題2　2次元回転子における角運動量の量子化

$xy$ 面上の回転運動（$z$ 軸まわりの回転子）について以下の問いに答えよ．

1. $z$ 軸まわりに，質量 $\mu$ の2つの粒子が長さ $2r$ の十分軽い硬い棒で結びつけられて（棒の中点を $z$ 軸が貫く形で），角速度 $\omega$ で回転している．古典力学における角運動量の $z$ 成分 $\ell_z$ と慣性モーメント $I$ を用いて，この系の運動エネルギーを表す式を導け．
2. 角度変数表示した $\hat{\ell}_z$ (1.7) の固有値方程式の一般解，規格化定数を求め，固有関数の角度変数についての周期性より，軌道角運動量は $\hbar$ を単位とする離散的な値しかとれないことを示せ．

## 考え方

小問1には古典力学における2粒子系の運動エネルギー，角運動量，慣性モーメントを用いよ．小問2は量子力学で考える．角運動量の量子化は，すべての固有値問題と同じく，物理的な境界条件を課すことにより得られる．

## 解答

1. 題意より

$$\ell_z = 2\mu r^2 \omega. \tag{1.19}$$

この系の慣性モーメントは次のようになる．

$$I = 2\mu r^2. \tag{1.20}$$

運動エネルギー $K$ は次のように求まる：

$$\begin{aligned} K &= \frac{\mu v^2}{2} \times 2 \\ &= \mu r^2 \left(\frac{\ell_z}{2\mu r^2}\right)^2 \\ &= \frac{1}{2I}\ell_z^2. \end{aligned} \tag{1.21}$$

### ワンポイント解説

粒子の速さ $v$ は $v = r\omega$．また，2個の粒子の寄与の和を考える．

2. 角運動量演算子の固有関数を $\Phi(\phi)$ とすると

$$\frac{\hbar}{i}\frac{\partial \Phi(\phi)}{\partial \phi} = \alpha \Phi(\phi). \quad (1.22)$$

となる．この微分方程式の一般解は

$$\Phi(\phi) = N \exp(i\frac{\alpha\phi}{\hbar}), (N : 規格化定数) \quad (1.23)$$

となる．固有関数の規格化

$$1 = \int_0^{2\pi} |\Phi(\phi)|^2 d\phi \quad (1.24)$$

を行うことにより規格化定数

$$N = \frac{1}{\sqrt{2\pi}} \quad (1.25)$$

が決まる．角度変数に対する固有関数の周期性 $\Phi(\phi+2\pi) = \Phi(\phi)$ を要請すると $e^{i2\pi\alpha/\hbar} = 1$ より

$$\alpha = m\hbar, (m = 0, \pm 1, \pm 2, \cdots). \quad (1.26)$$

が得られる．すなわち，角運動量演算子の固有値が $\hbar$ を単位とする離散的な値のみが可能であることがわかる．これを角運動量の量子化という．後に，スピンの項で述べるように，スピン角運動量の固有値は $\hbar/2$，すなわち $\hbar$ の半整数倍であり，固有値方程式 (1.22) では記述できない．

・指数関数の微分係数の特徴を考える．また指数関数の肩が複雑な場合に便利な指数関数の表記 $e^x = \exp(x)$ も用いるとよい．

### 例題 2 の発展問題

**2-1.** 前例題の結果において軌道角運動量の $z$ 成分 $\ell_z$ を量子化したものを回転子のハミルトニアン（ハミルトン演算子）とみなして，その固有値を求め，エネルギーが連続的か離散的か述べよ．また，エネルギーの縮退についても述べよ．

## 例題3 2次元系のハミルトニアン

式 (1.9) を証明せよ．

## 考え方

$x, y$ についての 1 次の偏微分を極座標 $(r, \phi)$ を用いて書き直す公式を使う．2 次の偏微分の計算は，1 次微分を 2 回反復するか，合成関数の微分の公式を再度用いる，のいずれか選ぶ．

## 解答

**ワンポイント解説**

1. 直交座標で表された運動エネルギー演算子 $\hat{K}$ は，量子的粒子の質量を $\mu$ として

$$\hat{K} = -\frac{\hbar^2}{2\mu}\left(\frac{\partial^2}{\partial x^2} + \frac{\partial^2}{\partial y^2}\right) \quad (1.27)$$

で与えられる．ここで，$\hat{K}$ を式 (1.11) を用いて書き直すと

$$\begin{aligned}\frac{\partial^2}{\partial x^2} &= \left(\cos\phi\frac{\partial}{\partial r} - \frac{\sin\phi}{r}\frac{\partial}{\partial \phi}\right) \\ &\quad \times \left(\cos\phi\frac{\partial}{\partial r} - \frac{\sin\phi}{r}\frac{\partial}{\partial \phi}\right) \\ &= \cos^2\phi\frac{\partial^2}{\partial r^2} + \frac{2\cos\phi\sin\phi}{r^2}\frac{\partial}{\partial \phi} \\ &\quad - \frac{2\cos\phi\sin\phi}{r}\frac{\partial}{\partial r}\frac{\partial}{\partial \phi} \\ &\quad + \frac{\sin^2\phi}{r}\frac{\partial}{\partial r} + \frac{\sin^2\phi}{r^2}\frac{\partial^2}{\partial \phi^2} \end{aligned} \quad (1.28)$$

が得られる．同様にして

$$\begin{aligned}\frac{\partial^2}{\partial y^2} &= \left(\sin\phi\frac{\partial}{\partial r} + \frac{\cos\phi}{r}\frac{\partial}{\partial \phi}\right) \\ &\quad \times \left(\sin\phi\frac{\partial}{\partial r} + \frac{\cos\phi}{r}\frac{\partial}{\partial \phi}\right)\end{aligned}$$

$$= \sin^2\phi \frac{\partial^2}{\partial r^2} - \frac{2\cos\phi\sin\phi}{r^2}\frac{\partial}{\partial \phi}$$
$$+ \frac{2\cos\phi\sin\phi}{r}\frac{\partial}{\partial r}\frac{\partial}{\partial \phi}$$
$$+ \frac{\cos^2\phi}{r}\frac{\partial}{\partial r} + \frac{\cos^2\phi}{r^2}\frac{\partial^2}{\partial \phi^2} \quad (1.29)$$

が得られる．これらの結果を加えて，運動エネルギー演算子は

$$\hat{K} = -\frac{\hbar^2}{2\mu}\left(\frac{\partial^2}{\partial r^2} + \frac{1}{r}\frac{\partial}{\partial r} + \frac{\partial^2}{r^2\partial\phi^2}\right) \quad (1.30)$$

と書ける．

2. 前問の結果に，$\hat{\ell}_z$ の平面極座標表示 (1.7) を代入すると，2次元系のハミルトニアンは

$$\hat{H} = -\frac{\hbar^2}{2\mu}\left(\frac{\partial^2}{\partial r^2} + \frac{1}{r}\frac{\partial}{\partial r}\right) + \frac{\hat{\ell}_z^2}{2\mu r^2} + \tilde{V}(r,\phi) \quad (1.31)$$

と表せる．ただし，$\tilde{V}(r,\phi) \equiv V(r\cos\phi, r\sin\phi)$ である．

## 例題3の発展問題

**3-1.** 2次元系（$x,y$ 面）において，ポテンシャル $V(x,y)$ が原点からの距離に依存し，角度にはよらない（中心力ポテンシャル）場合を考える：$V = V(r)$．波動関数 $\psi(x,y)$ を変数分離型，$\psi(x,y) = R(r)\Phi(\phi)$ として求め，$\Phi(\phi)$ が満たす微分方程式を計算し，その解を求めよ．ただし，$R(r)$ は $r$ の関数とし，$\phi$ の関数を $\Phi(\phi)$ とする．

**3-2.** 前問の結果を用いて，$R(r)$ の満たすべき微分方程式を求めよ．

### 第1章の参考図書

[1-1] A. P. フレンチ，E. F. テイラー，『MIT 物理学 量子力学入門 II』，培風館 (1994). 特に，10 章．入門レベルであるが，歴史的背景の解説など，非常に教育的配慮に満ちた記述が多い．

[1-2] 後藤憲一ほか，『詳解 理論・応用 量子力学演習』，共立出版 (1992). 特に，5 章．簡潔にかつ多くの現代的話題にも言及されている．

重要度
★★★★★

# 2 3次元系における軌道角運動量とその量子化

―《 内容のまとめ 》―

2次元の場合と同様に，3次元の軌道角運動量演算子（の直交直線座標表示）は次のように与えられる．

$$\hat{\ell}_x = \frac{\hbar}{i}(y\frac{\partial}{\partial z} - z\frac{\partial}{\partial y}),\ \hat{\ell}_y = \frac{\hbar}{i}(z\frac{\partial}{\partial x} - x\frac{\partial}{\partial z}),\ \hat{\ell}_z = \frac{\hbar}{i}(x\frac{\partial}{\partial y} - y\frac{\partial}{\partial x}). \quad (2.1)$$

3つの成分を，次のようにまとめて表現することもできる．

$$\hat{\boldsymbol{\ell}} = \frac{\hbar}{i}\boldsymbol{r} \times \boldsymbol{\nabla} = \hat{\ell}_x \boldsymbol{i} + \hat{\ell}_y \boldsymbol{j} + \hat{\ell}_z \boldsymbol{k}. \quad (2.2)$$

ここで，$\boldsymbol{i}, \boldsymbol{j}, \boldsymbol{k}$ は，それぞれ $x, y, z$ 軸向きの長さ1のベクトル（基底ベクトル，basis vector）という．さらに，軌道角運動量の2乗演算子も次式で定義する．

$$\hat{\boldsymbol{\ell}}^2 \equiv \hat{\ell}_x^2 + \hat{\ell}_y^2 + \hat{\ell}_z^2. \quad (2.3)$$

（注意：軌道角運動量演算子を $\hbar$ で無次元化して定義する教科書もある．）

2つの演算子 $\hat{A}, \hat{B}$ に対して，交換関係は $[\hat{A}, \hat{B}] \equiv \hat{A}\hat{B} - \hat{B}\hat{A}$ と定義される．軌道角運動量演算子の各成分の間には次の交換関係が成り立つ．

$$[\hat{\ell}_x, \hat{\ell}_y] = i\hbar\hat{\ell}_z, \quad [\hat{\ell}_y, \hat{\ell}_z] = i\hbar\hat{\ell}_x, \quad [\hat{\ell}_z, \hat{\ell}_x] = i\hbar\hat{\ell}_y, \quad (2.4)$$

$$[\hat{\boldsymbol{\ell}}^2, \hat{\ell}_x] = [\hat{\boldsymbol{\ell}}^2, \hat{\ell}_y] = [\hat{\boldsymbol{\ell}}^2, \hat{\ell}_z] = 0, \quad ([\hat{\boldsymbol{\ell}}^2, \hat{\boldsymbol{\ell}}] = 0). \quad (2.5)$$

式 (2.4) は，軌道角運動量演算子の各成分を $\hat{\ell}_x = \hat{\ell}_1, \hat{\ell}_y = \hat{\ell}_2, \hat{\ell}_z = \hat{\ell}_3$ と添え字

を付け直し，全反対称なクロネッカー記号（Kronecker symbol）$\varepsilon_{ijk}$ を用いると

$$[\hat{\ell}_i, \hat{\ell}_j] = i\hbar \sum_{k=1}^{3} \varepsilon_{ijk} \hat{\ell}_k, (i, j, k = 1, 2, 3) \tag{2.6}$$

とまとめて表される．ここで，$\varepsilon_{123} = \varepsilon_{231} = \varepsilon_{312} = 1, \varepsilon_{213} = \varepsilon_{321} = \varepsilon_{132} = -1$，ほかの場合には 0 である．

このように，$\hat{\ell}_x, \hat{\ell}_y, \hat{\ell}_z$ はお互いに交換しないので，同時に固有状態（関数）が存在しないことを意味する（2つの演算子が交換可能の場合，同時固有状態が存在することについては付録を参照）．しかし，$\hat{\boldsymbol{\ell}}^2$ と $\hat{\ell}_x, \hat{\ell}_y, \hat{\ell}_z$ のそれぞれは交換する．角運動量（またはスピン）に関係することが多い磁場の方向を $z$ 軸にとることが通例なので，軌道角運動量演算子については $\hat{\boldsymbol{\ell}}^2$ と $\hat{\ell}_z$ の同時固有関数が選ばれる．

さらに，軌道角運動量演算子の $x, y$ 成分の線型結合により，非エルミート型の新しい演算子（昇降演算子）

$$\hat{\ell}_\pm \equiv \hat{\ell}_x \pm i\hat{\ell}_y, \quad \hat{\ell}_\pm^\dagger = \hat{\ell}_\mp \tag{2.7}$$

を定義する．これらの式を用いて，$\hat{\boldsymbol{\ell}}^2$ は次のように 3 つの表現のように書ける．

$$\hat{\boldsymbol{\ell}}^2 = \hat{\ell}_- \hat{\ell}_+ + \hat{\ell}_z^2 + \hbar \hat{\ell}_z, \tag{2.8}$$

$$\hat{\boldsymbol{\ell}}^2 = \hat{\ell}_+ \hat{\ell}_- + \hat{\ell}_z^2 - \hbar \hat{\ell}_z, \tag{2.9}$$

$$\hat{\boldsymbol{\ell}}^2 = \frac{1}{2}(\hat{\ell}_+ \hat{\ell}_- + \hat{\ell}_- \hat{\ell}_+) + \hat{\ell}_z^2. \tag{2.10}$$

$\hat{\ell}_\pm$ に対して，以下の交換関係も成立する．

$$[\hat{\ell}_z, \hat{\ell}_\pm] = \pm \hbar \hat{\ell}_\pm. \text{（複号同順）}, \tag{2.11}$$

$$[\hat{\ell}_+, \hat{\ell}_-] = 2\hbar \hat{\ell}_z, \tag{2.12}$$

$$[\hat{\boldsymbol{\ell}}^2, \hat{\ell}_\pm] = 0. \tag{2.13}$$

これらの関係式は，軌道角運動量演算子の種々の性質を計算する場合に使わ

れる．軌道角運動量演算子の計算は，次のような極座標による表示が便利である．

$$x = r\sin\theta\cos\phi,\ y = r\sin\theta\sin\phi,\ z = r\cos\theta \tag{2.14}$$

$$(-\infty < x < \infty, -\infty < y < \infty, -\infty < z < \infty),$$

$$r = \sqrt{x^2+y^2+z^2},\ \tan\phi = \frac{y}{x},\ \tan\theta = \frac{\sqrt{x^2+y^2}}{z}, \tag{2.15}$$

$$(0 \leq r < \infty, 0 \leq \theta \leq \pi, 0 \leq \phi \leq 2\pi).$$

軌道角運動量演算子の極座標表示は，次のように与えられる（図 2.1 参照）．

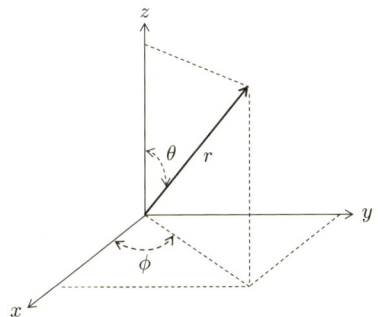

図 2.1: 3 次元の極座標

$$\hat{\ell}_x = i\hbar\left(\sin\phi\frac{\partial}{\partial\theta} + \frac{\cos\theta\cos\phi}{\sin\theta}\frac{\partial}{\partial\phi}\right), \tag{2.16}$$

$$\hat{\ell}_y = i\hbar\left(-\cos\phi\frac{\partial}{\partial\theta} + \frac{\cos\theta\sin\phi}{\sin\theta}\frac{\partial}{\partial\phi}\right), \tag{2.17}$$

$$\hat{\ell}_z = \frac{\hbar}{i}\frac{\partial}{\partial\phi}, \tag{2.18}$$

$$\hat{\ell}_\pm = \hbar e^{\pm i\phi}\left(\pm\frac{\partial}{\partial\theta} + i\frac{1}{\tan\theta}\frac{\partial}{\partial\phi}\right)\ （複号同順）, \tag{2.19}$$

$$\hat{\boldsymbol{\ell}}^2 = -\hbar^2\left\{\frac{1}{\sin\theta}\frac{\partial}{\partial\theta}\left(\sin\theta\frac{\partial}{\partial\theta}\right) + \frac{1}{\sin^2\theta}\frac{\partial^2}{\partial\phi^2}\right\}. \tag{2.20}$$

演算子 $\hat{\boldsymbol{\ell}}^2$ と $\hat{\ell}_z$ の同時固有関数は，次のように表される．

$$Y_{\ell m}(\theta,\phi) \equiv (-1)^{\frac{m+|m|}{2}} \sqrt{\frac{2\ell+1}{4\pi}\frac{(\ell-|m|)!}{(\ell+|m|)!}} \cdot P_\ell^{|m|}(\cos\theta) \cdot e^{im\phi}. \tag{2.21}$$

ここで，$Y_{\ell m}(\theta,\phi)$ は球面調和関数（spherical harmonics），$P_\ell^{|m|}(\xi)$ はルジャンドルの陪関数（associated Legendre function）とよばれる特殊関数である．関数 $Y_{\ell m}(\theta,\phi)$ の直交規格性は次式で表される．

$$\int_0^\pi \sin\theta d\theta \int_0^{2\pi} d\phi\, Y_{\ell m}^*(\theta,\phi)\, Y_{\ell' m'}(\theta,\phi) = \delta_{\ell\ell'}\delta_{mm'}. \tag{2.22}$$

球面調和関数の具体例：（複号同順）

$$Y_{00}(\theta,\phi) = \frac{1}{\sqrt{4\pi}}, \tag{2.23}$$

$$Y_{1,\pm 1}(\theta,\phi) = \mp\frac{1}{2}\sqrt{\frac{3}{2\pi}}\sin\theta e^{\pm i\phi}, \tag{2.24}$$

$$Y_{1,0}(\theta,\phi) = \frac{1}{2}\sqrt{\frac{3}{\pi}}\cos\theta, \tag{2.25}$$

$$Y_{2,\pm 2}(\theta,\phi) = \frac{1}{4}\sqrt{\frac{3\cdot 5}{2\pi}}\sin^2\theta e^{\pm i2\phi}, \tag{2.26}$$

$$Y_{2,\pm 1}(\theta,\phi) = \mp\frac{1}{2}\sqrt{\frac{3\cdot 5}{2\pi}}\cos\theta\sin\theta e^{\pm i\phi}, \tag{2.27}$$

$$Y_{2,0}(\theta,\phi) = \frac{1}{4}\sqrt{\frac{5}{\pi}}(3\cos^2\theta - 1). \tag{2.28}$$

軌道角運動量演算子の固有値や，それらの固有関数に対する演算結果を以下に記す（図 2.2 参照）．

$$\hat{\ell}^2 Y_{\ell m}(\theta,\phi) = \hbar^2 \ell(\ell+1) Y_{\ell m}(\theta,\phi),\ (\ell=0,1,2,\ldots) \tag{2.29}$$

$$\hat{\ell}_z Y_{\ell m}(\theta,\phi) = \hbar m Y_{\ell m}(\theta,\phi),\ (-\ell \leq m \leq \ell), \tag{2.30}$$

$$\hat{\ell}_\pm Y_{\ell m}(\theta,\phi) = \begin{cases} \hbar\sqrt{\ell(\ell+1)-m(m\pm 1)} Y_{\ell m\pm 1}(\theta,\phi), \text{（複号同順）} \\ \hbar\sqrt{(\ell\mp m)(\ell\pm m+1)} Y_{\ell m\pm 1}(\theta,\phi), \text{（複号同順）}. \end{cases} \tag{2.31}$$

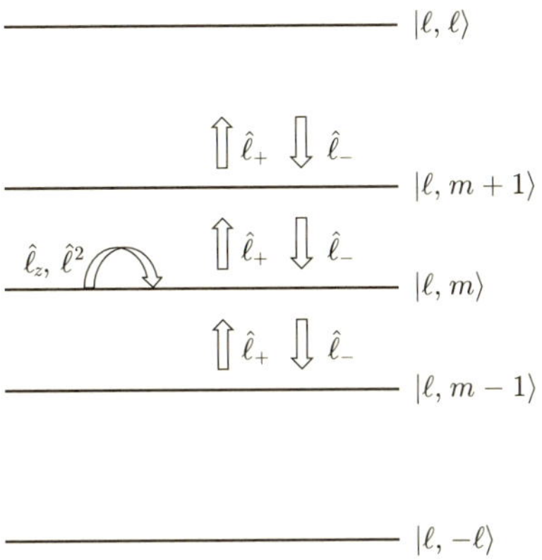

## 2 3次元系における軌道角運動量とその量子化　15

```
_____  |ℓ, ℓ⟩


           ⇑ ℓ̂₊  ⇓ ℓ̂₋
_____  |ℓ, m+1⟩

   ℓ̂_z, ℓ̂²  ⇑ ℓ̂₊  ⇓ ℓ̂₋
_____  |ℓ, m⟩

           ⇑ ℓ̂₊  ⇓ ℓ̂₋
_____  |ℓ, m-1⟩


_____  |ℓ, -ℓ⟩
```

図 2.2: 軌道角運動量の量子化と昇降演算子

---

**コラム**

$\ell$ の値ごとに分光学の歴史的な事情（括弧内はスペクトルの形に表れる性質による命名）から

$$\ell = 0 : \text{s 軌道 (sharp)},$$
$$\ell = 1 : \text{p 軌道 (polar)},$$
$$\ell = 2 : \text{d 軌道 (diffuse)},$$
$$\ell = 3 : \text{f 軌道 (fine)}$$

という名称がある（f 軌道以上の軌道名は英語のアルファベット順となる）．

## 例題 4　軌道角運動量演算子の交換関係の証明

1. 交換関係 (2.4) を証明せよ．
2. 交換関係 (2.5) を証明し，その結果の意味を述べよ．
3. 関係式 (2.8)-(2.10) を証明せよ．

## 考え方

2つの演算子 $\hat{A}, \hat{B}$ の積の，関数 $f$ への演算は次のように定義される．

$$\hat{A}\hat{B}f = \hat{A}(\hat{B}f). \tag{2.32}$$

すなわち，まず右側の演算子 $\hat{B}$ を関数 $f$ に作用させると，別の関数 $\hat{B}f$ になる．次に，この新しく生成された関数に演算子 $\hat{A}$ を作用させる．

演算子 $\hat{A}, \hat{B}, \hat{C}$ の交換関係の公式を用いる．

$$[\hat{A}, \hat{B}] = \hat{A}\hat{B} - \hat{B}\hat{A}, [\hat{A} + \hat{B}, \hat{C}] = [\hat{A}, \hat{C}] + [\hat{B}, \hat{C}].$$

## 解答

1. 変数 $x, y, z$ の任意の関数を $f(x, y, z)$ とすると

$$\begin{aligned}
\hat{\ell}_x \hat{\ell}_y f &= -\hbar^2 (y\frac{\partial}{\partial z} - z\frac{\partial}{\partial y})(z\frac{\partial f}{\partial x} - x\frac{\partial f}{\partial z}) \\
&= -\hbar^2 (y\frac{\partial f}{\partial x} + yz\frac{\partial^2 f}{\partial z \partial x} - xy\frac{\partial^2 f}{\partial z^2} \\
&\quad - z^2\frac{\partial^2 f}{\partial y \partial x} + xz\frac{\partial^2 f}{\partial y \partial z}),
\end{aligned} \tag{2.33}$$

$$\begin{aligned}
\hat{\ell}_y \hat{\ell}_x f &= -\hbar^2 (z\frac{\partial}{\partial x} - x\frac{\partial}{\partial z})(y\frac{\partial f}{\partial z} - z\frac{\partial f}{\partial y}) \\
&= -\hbar^2 (yz\frac{\partial^2 f}{\partial z \partial x} - z^2\frac{\partial^2 f}{\partial y \partial x} - xy\frac{\partial^2 f}{\partial z^2} \\
&\quad + x\frac{\partial f}{\partial y} + zx\frac{\partial^2 f}{\partial y \partial z})
\end{aligned} \tag{2.34}$$

となる．得られた両式の差をとると

**ワンポイント解説**

角運動量演算子の $x, y, z$ 成分 $\hat{\ell}_x, \hat{\ell}_y, \hat{\ell}_z$ の定義式

$$[\hat{\ell}_x, \hat{\ell}_y]f = -\hbar^2(y\frac{\partial f}{\partial x} - x\frac{\partial f}{\partial y})$$
$$= i\hbar\hat{\ell}_z f \qquad (2.35)$$

となる．関数 $f(x,y,z)$ は任意であるから $[\hat{\ell}_x, \hat{\ell}_y] = i\hbar\hat{\ell}_z$ となる．同様にして，$[\hat{\ell}_y, \hat{\ell}_z] = i\hbar\hat{\ell}_x$，$[\hat{\ell}_z, \hat{\ell}_x] = i\hbar\hat{\ell}_y$ も証明できる．

2. 交換関係の可換性・非可換性の意味について述べる．

まず，角運動量 2 乗演算子との交換関係を

$$[\hat{\boldsymbol{\ell}}^2, \hat{\ell}_x] = [\hat{\ell}_x^2 + \hat{\ell}_y^2 + \hat{\ell}_z^2, \hat{\ell}_x]$$
$$= [\hat{\ell}_x^2, \hat{\ell}_x] + [\hat{\ell}_y^2, \hat{\ell}_x] + [\hat{\ell}_z^2, \hat{\ell}_x] \qquad (2.36)$$

→ 軌道角運動量の 2 乗演算子 $\hat{\boldsymbol{\ell}}^2 \equiv \ell_x^2 + \ell_y^2 + \ell_z^2$

に書き直す．ここで

$$[\hat{\ell}_x^2, \hat{\ell}_x] = \hat{\ell}_x^3 - \hat{\ell}_x^3 = 0, \qquad (2.37)$$

$$[\hat{\ell}_y^2, \hat{\ell}_x] = \hat{\ell}_y^2\hat{\ell}_x - \hat{\ell}_x\hat{\ell}_y^2$$
$$= \hat{\ell}_y(\hat{\ell}_y\hat{\ell}_x - \hat{\ell}_x\hat{\ell}_y) + (\hat{\ell}_y\hat{\ell}_x - \hat{\ell}_x\hat{\ell}_y)\hat{\ell}_y$$
$$= -i\hbar(\hat{\ell}_y\hat{\ell}_z + \hat{\ell}_z\hat{\ell}_y), \qquad (2.38)$$

$$[\hat{\ell}_z^2, \hat{\ell}_x] = \hat{\ell}_z^2\hat{\ell}_x - \hat{\ell}_x\hat{\ell}_z^2$$
$$= \hat{\ell}_z(\hat{\ell}_z\hat{\ell}_x - \hat{\ell}_x\hat{\ell}_z) + (\hat{\ell}_z\hat{\ell}_x - \hat{\ell}_x\hat{\ell}_z)\hat{\ell}_z$$
$$= i\hbar(\hat{\ell}_y\hat{\ell}_z + \hat{\ell}_z\hat{\ell}_y) \qquad (2.39)$$

→ 同じ演算子同士は交換する．右辺の計算の際，交換関係の公式を使えるように，同じ項を足し引きしておく．

となるので

$$[\hat{\boldsymbol{\ell}}^2, \hat{\ell}_x] = 0 \qquad (2.40)$$

となる．ほかの関係式も同様に，証明できる．

このように，角運動量 2 乗演算子と角運動量演算子の 3 つの成分のそれぞれとは交換するので，角運動量 2 乗演算子と角運動量演算子の 3 つの成分

のそれぞれとの同時固有状態は存在する．ただし，注意すべきことは，角運動量演算子の3つの成分同士は交換しないので，角運動量演算子の，どの2つの成分間にも同時固有関数は存在しない．以上のことから，角運動量2乗演算子 $\hat{\ell}^2$ と角運動量演算子の成分の1つを任意に選ぶと同時固有関数が存在する．通常は $\hat{\ell}^2$ と $\hat{\ell}_z$ を選ぶ．

3.
$$\begin{aligned}\hat{\ell}_-\hat{\ell}_+ &= \hat{\ell}_x^2 + \hat{\ell}_y^2 - \mathrm{i}\hat{\ell}_y\hat{\ell}_x + \mathrm{i}\hat{\ell}_x\hat{\ell}_y \\ &= \hat{\ell}_x^2 + \hat{\ell}_y^2 - \hbar\hat{\ell}_z\end{aligned} \quad (2.41)$$

・$\hat{\ell}_x = \frac{\hat{\ell}_+ + \hat{\ell}_-}{2}$,
$\hat{\ell}_y = \frac{\hat{\ell}_+ + \hat{\ell}_-}{2\mathrm{i}}$.

を用いて，式 (2.8) が証明される．同様に

$$\begin{aligned}\hat{\ell}_+\hat{\ell}_- &= \hat{\ell}_x^2 + \hat{\ell}_y^2 + \mathrm{i}\hat{\ell}_y\hat{\ell}_x - \mathrm{i}\hat{\ell}_x\hat{\ell}_y \\ &= \hat{\ell}_x^2 + \hat{\ell}_y^2 + \hbar\hat{\ell}_z\end{aligned} \quad (2.42)$$

を用いて，式 (2.9) が証明される．式 (2.41) と (2.42) を加えて，2で割ると，式 (2.8) が証明される．

### 例題 4 の発展問題

**4-1.** 座標演算子と運動量演算子の間には，次の正準交換関係が成立する．

$$[\hat{x}, \hat{p}_x] = \mathrm{i}\hbar, [\hat{y}, \hat{p}_y] = \mathrm{i}\hbar, [\hat{z}, \hat{p}_z] = \mathrm{i}\hbar. \quad (2.43)$$

その他の交換関係の値はゼロである．運動量演算子の微分表現を使わず，上記の交換関係を用いて，$[\hat{\ell}_x, \hat{\ell}_y] = \mathrm{i}\hbar\hat{\ell}_z$ を証明せよ．

## 例題 5　昇降演算子の交換関係

式 (2.11) と (2.12) を証明せよ．

### 考え方

$\hat{\ell}_\pm$ をまず $\hat{\ell}_x$, $\hat{\ell}_y$ で表して計算し，最後に，$\hat{\ell}_\pm$ を用いてまとめる．昇降演算子を用いた交換関係を考える理由の 1 つは角運動量の行列要素の計算に便利であること．公式 $[\hat{A} + \hat{B}, \hat{A} - \hat{B}] = [\hat{A}, -\hat{B}] + [\hat{B}, \hat{A}]$．

### 解答

$$\begin{aligned}
[\hat{\ell}_z, \hat{\ell}_\pm] &= [\hat{\ell}_z, \hat{\ell}_x] \pm \mathrm{i}[\hat{\ell}_z, \hat{\ell}_y] \\
&= \mathrm{i}\hbar\hat{\ell}_y \pm \mathrm{i} \times (-\mathrm{i}\hbar\hat{\ell}_x) \\
&= \pm\hbar(\hat{\ell}_x \pm \mathrm{i}\hat{\ell}_y) \\
&= \pm\hbar\hat{\ell}_\pm
\end{aligned} \tag{2.44}$$

となり，式 (2.11) が証明される．さらに

$$\begin{aligned}
[\hat{\ell}_+, \hat{\ell}_-] &= [\hat{\ell}_x + \mathrm{i}\hat{\ell}_y, \hat{\ell}_x - \mathrm{i}\hat{\ell}_y] \\
&= \mathrm{i}[\hat{\ell}_y, \hat{\ell}_x] - \mathrm{i}[\hat{\ell}_x, \hat{\ell}_y] \\
&= 2\hbar\hat{\ell}_z
\end{aligned} \tag{2.45}$$

となり，式 (2.12) が証明される．

### ワンポイント解説

・考え方で記した公式を丁寧に用いること．

### 例題 5 の発展問題

**5-1.** 角運動量演算子の球基底による表現を次式で定義する．

$$\hat{\ell}_{\pm 1} \equiv \mp \frac{1}{\sqrt{2}}\hat{\ell}_\pm, \ \hat{\ell}_0 \equiv \hat{\ell}_z. \tag{2.46}$$

(1) $\hat{\ell}^2 = \sum_{\mu = 0, \pm 1} (-1)^\mu \hat{\ell}_\mu \hat{\ell}_{-\mu}$ であることを示せ．
(2) 次式を満たす演算子 $\hat{T}_{LM}$ をランク（rank）$L$ の規約テンソル演算子と定義する．

$$[\hat{\ell}_{\pm 1}, \hat{T}_{LM}] = \mp\sqrt{\frac{1}{2}(L \mp M)(L \pm M + 1)}\,\hat{T}_{LM\pm 1}, \qquad (2.47)$$

$$[\hat{\ell}_0, \hat{T}_{LM}] = M\hat{T}_{LM}, (M = -L, -L+1, \cdots, L-1, L). \qquad (2.48)$$

後述の CG 係数を用いれば，上の定義式は次のようにまとめられ，テンソル演算子の代数的構造が見える．

$$[\hat{\ell}_\mu, \hat{T}_{LM}] = \langle LM1\mu|LM+\mu\rangle\sqrt{L(L+1)}\,\hat{T}_{LM+\mu}, \; (\mu = 0, \pm 1). \qquad (2.49)$$

ここでの角運動量演算子は通常の定義式を $\hbar$ で除したものとする．ランク $L=0$ のテンソル演算子を特にスカラー演算子，$L=1$ をベクトル演算子という．$\hat{\ell}^2$ はスカラー演算子であることを示せ．また角運動量演算子はベクトル演算子であることを示せ．

## 例題6　極座標の偏微分

$x, y, z$ 座標についての偏微分を極座標についての偏微分で表せ.

### 考え方

変数 $x, y, z$ は新しい変数 $r, \theta, \phi$ の関数であるとみなせることに注意する.

### ‖解答‖

まず，$x, y, z$ についての偏微分演算子は次のように $r, \theta, \phi$ についての偏微分の組み合わせで表現される.

$$\frac{\partial}{\partial x} = \left(\frac{\partial r}{\partial x}\right)\frac{\partial}{\partial r} + \left(\frac{\partial \theta}{\partial x}\right)\frac{\partial}{\partial \theta} + \left(\frac{\partial \phi}{\partial x}\right)\frac{\partial}{\partial \phi}, \quad (2.50)$$

$$\frac{\partial}{\partial y} = \left(\frac{\partial r}{\partial y}\right)\frac{\partial}{\partial r} + \left(\frac{\partial \theta}{\partial y}\right)\frac{\partial}{\partial \theta} + \left(\frac{\partial \phi}{\partial y}\right)\frac{\partial}{\partial \phi}, \quad (2.51)$$

$$\frac{\partial}{\partial z} = \left(\frac{\partial r}{\partial z}\right)\frac{\partial}{\partial r} + \left(\frac{\partial \theta}{\partial z}\right)\frac{\partial}{\partial \theta} + \left(\frac{\partial \phi}{\partial z}\right)\frac{\partial}{\partial \phi}. \quad (2.52)$$

次に，変数 $x, y, z$ の関数としての $r$ の $x$ についての偏微分は

$$\begin{aligned}\frac{\partial r}{\partial x} &= \frac{\partial}{\partial x}\left(x^2 + y^2 + z^2\right)^{1/2} = \frac{x}{r} \\ &= \sin\theta \cdot \cos\phi \end{aligned} \quad (2.53)$$

となる. 変数 $y, z$ についての偏微分も同様にして得られるので，まとめると

$$\frac{\partial r}{\partial x} = \sin\theta \cdot \cos\phi, \ \frac{\partial r}{\partial y} = \sin\theta \cdot \sin\phi, \ \frac{\partial r}{\partial z} = \cos\theta \quad (2.54)$$

となる. また，関数 $\phi$ の変数 $x$ についての偏微分は，まず，

### ワンポイント解説

・変数が複数ある場合の合成関数の微分公式を用いる.

$$\frac{\partial}{\partial x}\left(\frac{y}{x}\right) = \frac{\partial \tan \phi}{\partial x}, \qquad (2.55)$$

$$-\frac{y}{x^2} = \left(\frac{\partial \phi}{\partial x}\right)\frac{1}{\cos^2 \phi} \qquad (2.56)$$

という途中の計算結果を用いて，次のように

$$\frac{\partial \phi}{\partial x} = -\frac{\sin \phi}{r \cdot \sin \theta} \qquad (2.57)$$

が得られる．同様にして次式が得られる．

$$\frac{\partial \phi}{\partial y} = \frac{\cos \phi}{r \cdot \sin \theta}, \quad \frac{\partial \phi}{\partial z} = 0. \qquad (2.58)$$

関数 $\theta$ の変数 $z$ についての偏微分も同様にして得られる．

$$\frac{\partial \theta}{\partial x} = \frac{\cos \theta \cos \phi}{r}, \quad \frac{\partial \theta}{\partial y} = \frac{\cos \theta \sin \phi}{r}, \quad \frac{\partial \theta}{\partial z} = -\frac{\sin \theta}{r}. \qquad (2.59)$$

以上の結果より，変数 $x, y, z$ についての偏微分演算子は次のように，$r, \theta, \phi$ についての偏微分により表される．

$$\frac{\partial}{\partial x} = (\sin \theta \cos \phi)\frac{\partial}{\partial r} + \left(\frac{\cos \theta \cos \phi}{r}\right)\frac{\partial}{\partial \theta}$$
$$- \left(\frac{\sin \phi}{r \sin \theta}\right)\frac{\partial}{\partial \phi}, \qquad (2.60)$$

$$\frac{\partial}{\partial y} = (\sin \theta \sin \phi)\frac{\partial}{\partial r} + \left(\frac{\cos \theta \sin \phi}{r}\right)\frac{\partial}{\partial \theta}$$
$$+ \left(\frac{\cos \phi}{r \sin \theta}\right)\frac{\partial}{\partial \phi}, \qquad (2.61)$$

$$\frac{\partial}{\partial z} = (\cos \theta)\frac{\partial}{\partial r} - \left(\frac{\sin \theta}{r}\right)\frac{\partial}{\partial \theta} \qquad (2.62)$$

## 例題 6 の発展問題

**6-1.** 例題の結果を用いて式 (2.16)-(2.20) を証明せよ．

## 例題 7　球面調和関数の直交性と規格性

$Y_{1m}$ の幾何学的意味を以下の手順で確かめる．

1. 次の積分を計算して直交性を確かめよ．

$$\int_0^\pi \sin\theta d\theta \int_0^{2\pi} d\phi\, Y_{1,1}^*(\theta,\phi)\, Y_{1,-1}(\theta,\phi) \tag{2.63}$$

2. 次の積分を計算して規格性を確かめよ．

$$\int_0^\pi \sin\theta d\theta \int_0^{2\pi} d\phi\, Y_{1,1}^*(\theta,\phi)\, Y_{1,1}(\theta,\phi) \tag{2.64}$$

3. 幾何学的意味を考えるために，$Y_{1,\pm 1}(\theta,\phi)$ を $x, y, r$ で表せ．

## 考え方

球面調和関数の定義，特に複素共役による純虚数の指数関数の変化に注意して，2 つの角度変数についての積分を実行する．$\theta$ についての積分が $\sin$ の 2 乗以上になる場合，$\cos\theta$ を別の変数に変換し，積分領域に注意して積分する．

## 解答

1. 題意より

$$\int_0^\pi \sin\theta d\theta \int_0^{2\pi} d\phi\, Y_{1,1}^*(\theta,\phi)\, Y_{1,-1}^*(\theta,\phi)$$
$$= -\left(\frac{1}{2}\sqrt{\frac{3}{2\pi}}\right)^2 \int_0^\pi \sin^3\theta d\theta \int_0^{2\pi} e^{-2\phi i} d\phi \tag{2.65}$$

ここで

$$\int_0^{2\pi} e^{-2\phi i} d\phi = 0. \tag{2.66}$$

したがって

## ワンポイント解説

$$\int_0^\pi \sin\theta d\theta \int_0^{2\pi} d\phi \, Y_{1,1}^*(\theta,\phi) \, Y_{1,-1}^*(\theta,\phi) = 0 \tag{2.67}$$

となり，直交性が示された．
2. 次に規格化を確認する．

$$\int_0^\pi \sin\theta d\theta \int_0^{2\pi} d\phi \, Y_{1,1}^*(\theta,\phi) \, Y_{1,1}(\theta,\phi)$$
$$= \frac{3}{8\pi} \int_0^\pi \sin^3\theta d\theta \int_0^{2\pi} d\phi. \tag{2.68}$$

ここで，積分変数の変換 $\cos\theta = t$ を行う．$-1 \leq t \leq 1, dt = -\sin\theta d\theta$ となり

$$\int_0^\pi \sin^3\theta d\theta = -\int_1^{-1}(1-t^2)dt$$
$$= \frac{4}{3}. \tag{2.69}$$

また，$\phi$ についての積分は $2\pi$ となるので

$$\int_0^\pi \sin\theta d\theta \int_0^{2\pi} d\phi \, Y_{1,1}^*(\theta,\phi)Y_{1,1}(\theta,\phi)$$
$$= \frac{1}{4} \times \frac{3}{2\pi} \times \frac{4}{3} \times 2\pi = 1 \tag{2.70}$$

となり，規格化が成り立っていることがわかる．
3. 式 (2.24) より

$$Y_{1\pm 1}(\theta,\phi) = \mp\frac{1}{2}\sqrt{\frac{3}{2\pi}}\left(\frac{x \pm \mathrm{i}y}{r}\right). \tag{2.71}$$

## 例題7の発展問題

**7-1.** 角運動量演算子の固有関数は磁気量子数 $m$ がゼロではない場合には複素数となり，直観的な理解が容易ではない．応用の利便性のために，波動関数，特にその角度部分の実数型表現が使用される．球面調和関数の一次結合より，次のように定義される実数関数を求めよ．

(1) $\ell = 1$ (p 軌道) の場合:

$$Y_{px} \equiv \frac{1}{\sqrt{2}}(Y_{1,-1} - Y_{1,+1}), \tag{2.72}$$

$$Y_{py} \equiv \frac{\mathrm{i}}{\sqrt{2}}(Y_{1,-1} + Y_{1,+1}), \tag{2.73}$$

$$Y_{pz} \equiv Y_{1,0}. \tag{2.74}$$

(2) $\ell = 2$ (d 軌道) の場合:

$$Y_{dzx} \equiv \frac{1}{\sqrt{2}}(Y_{2,-1} - Y_{2,1}), \tag{2.75}$$

$$Y_{dyz} \equiv \frac{\mathrm{i}}{\sqrt{2}}(Y_{2,-1} + Y_{2,1}), \tag{2.76}$$

$$Y_{dx^2-y^2} \equiv \frac{1}{\sqrt{2}}(Y_{2,-2} + Y_{2,2}), \tag{2.77}$$

$$Y_{dxy} \equiv \frac{\mathrm{i}}{\sqrt{2}}(Y_{2,-2} - Y_{2,2}), \tag{2.78}$$

$$Y_{dz^2} \equiv Y_{2,0}. \tag{2.79}$$

## 例題 8 角運動量の 2 乗演算子の固有値

式 (2.29) を証明せよ．

## 考え方

$\hat{\ell}^2$ 演算子の極座標表示が変数 $\theta$ と $\phi$ についての微分の和で表されているので，その固有関数は $\theta$ の関数 $\Theta(\theta)$ と $\phi$ の関数 $\Phi(\phi)$ に因数分解される．$\Phi(\phi)$ の微分から，$-m^2$ が出る．そして，$\Theta(\theta)$ の微分方程式を導き，$\cos\theta$ を別の変数に変換し，その解の有界性を要請する．

## 解答

角運動量演算子の固有関数 $Y(\theta,\phi)$ を，2 つの角度についての関数 $\Theta(\theta), \Phi(\phi)$ の変数分離型として求める．

$$\hat{\ell}^2 Y_{\ell m}(\theta,\phi) = \lambda Y_{\ell m}(\theta,\phi), \tag{2.80}$$

$$Y_{\ell m}(\theta,\phi) = \Theta_{\ell m}(\theta)\Phi_m(\phi). \tag{2.81}$$

$\Phi_m(\phi)$ の性質を考慮すると

$$-\hbar^2 \frac{1}{\sin\theta}\frac{\partial}{\partial\theta}\left(\sin\theta\frac{\partial}{\partial\theta}\Theta_{\ell m}(\theta)\right)\Phi_m(\phi)$$

$$-\hbar^2 \frac{\Theta_{\ell m}(\theta)}{\sin^2\theta}(-m^2)\Phi_m(\phi) = \lambda\Theta_{\ell m}(\theta)\Phi_m(\phi) \tag{2.82}$$

となる．さらに，この式を変形すると

$$\frac{1}{\sin\theta}\frac{d}{d\theta}\left(\sin\theta\frac{d}{d\theta}\Theta_{\ell m}(\theta)\right) + \left(\frac{\lambda}{\hbar^2} - \frac{m^2}{\sin^2\theta}\right)\Theta_{\ell m}(\theta)$$
$$= 0 \tag{2.83}$$

が得られる．ここで，変数変換 $\xi = \cos\theta$ を行って

$$\frac{d}{d\theta} = \frac{d\xi}{d\theta}\frac{d}{d\xi} = -\sin\theta\frac{d}{d\xi} \tag{2.84}$$

を得る．この結果を，元の微分方程式に代入すると，固有関数 $\Theta_{\ell m}(\theta) \equiv P_{\ell m}(\xi)(= P_{\ell m})$ の満たすべき方程式

### ワンポイント解説

ここで，$m$ は角運動量演算子の $z$ 成分の量子数（正負の整数）であって，量子的粒子の質量ではない．

は
$$\frac{d}{d\xi}\left[(1-\xi^2)\frac{d}{d\xi}\right]P_{\ell m} + \left(\frac{\lambda}{\hbar^2} - \frac{m^2}{1-\xi^2}\right)P_{\ell m} = 0 \tag{2.85}$$

と書ける．または

$$(1-\xi^2)\frac{d^2P_{\ell m}}{d\xi^2} - 2\xi\frac{dP_{\ell m}}{d\xi} + \left(\frac{\lambda}{\hbar^2} - \frac{m^2}{1-\xi^2}\right)P_{\ell m}$$
$$= 0 \tag{2.86}$$

とも表される．この微分方程式はルジャンドル (Legendre) の陪微分方程式とよばれ，関数 $P_{\ell m}(\xi)$ の有界性を要請すると，$\lambda/\hbar^2 = \ell(\ell+1), \ell = 0, 1, 2, \cdots$ のとき，ルジャンドルの陪関数とよばれる，特殊関数 $P_\ell^{|m|}(\xi)$ を解としてもつことが数学的に知られている．

### 例題 8 の発展問題

**8-1.** 解，$P_{00}(x) = 1, P_{10}(x) = x, P_{11}(x) = \sqrt{1-x^2}$ がルジャンドルの陪微分方程式を満たすことを確認せよ．

## 例題 9　角運動量演算子の $z$ 成分の固有値と昇降演算子の演算

式 (2.30) と式 (2.31) を証明せよ．

## 考え方

以下の議論においては，固有関数の具体的な関数形は関係ないので，混乱する恐れがないかぎり，角度変数 $\theta,\phi$ を付記することを省略し，$|\ell m\rangle$ と記す．ここで，$|\ \rangle$ は，ベクトルについてのディラックのブラケット表示（付録参照）である．通常の 3 次元空間におけるベクトルについては，3 つの成分をもつ列ベクトルをイメージすればよい．さらに，$|\ell m\rangle$ の複素共役ベクトルを $\langle \ell m|$ と記す．$\langle \ell m|$ は，$|\ell m\rangle$ の成分を複素共役にした成分をもつ行ベクトルをイメージすればよい．すると，これらの 2 つのベクトルの内積は $\langle \ell m|\ell' m'\rangle$ と記される．

## ‖解答‖

式 (2.30) における，$m$ の取り得る値を調べよう．エルミート演算子 $\hat{\boldsymbol{\ell}}^2, \hat{\ell}_z$ の同時固有状態 $\ell m$ は固有値が異なれば直交し，適当な規格化により

$$\langle \ell m|\ell' m'\rangle = \delta_{\ell\ell'}\delta_{mm'} \tag{2.87}$$

と表される（上の式は式 (2.22) と同じ意味である）．ここで，$\hat{\boldsymbol{\ell}}^2$ の期待値は

$$\begin{aligned}&\langle \ell m|\hat{\ell}_x^2 + \hat{\ell}_y^2 + \hat{\ell}_z^2|\ell m\rangle \\ &= \langle \ell m|\hat{\ell}_x^\dagger\hat{\ell}_x|\ell m\rangle + \langle \ell m|\hat{\ell}_y^\dagger\hat{\ell}_y|\ell m\rangle + m^2\hbar^2 \\ &= \langle (\hat{\ell}_x\ell m)|(\hat{\ell}_x\ell m)\rangle + \langle (\hat{\ell}_y\ell m)|(\hat{\ell}_y\ell m)\rangle + m^2\hbar^2\end{aligned} \tag{2.88}$$

となる．この結果より

$$\ell(\ell+1) \geq 0 \tag{2.89}$$

が得られる．したがって，$\ell \geq 0$ となる．

**ワンポイント解説**

・$\hat{\boldsymbol{\ell}}^2$ の定義 (2.3) を用いる．

式 (2.13) は，$\hat{\ell}_\pm|\ell m\rangle$ もまた $\hat{\boldsymbol{\ell}}^2$ の $\ell$ で特徴づけられる固有値をもつ固有関数であること，すなわち

$$\hat{\boldsymbol{\ell}}^2(\hat{\ell}_\pm|\ell m\rangle) = \hat{\ell}_\pm \hat{\boldsymbol{\ell}}^2|\ell m\rangle$$
$$= \ell(\ell+1)\hbar^2(\hat{\ell}_\pm|\ell m\rangle) \qquad (2.90)$$

であることを意味する．また，式 (2.11) より

$$\hat{\ell}_z \hat{\ell}_+|\ell m\rangle = (\hat{\ell}_+ \hat{\ell}_z + \hbar\hat{\ell}_+)|\ell m\rangle$$
$$= m\hbar\hat{\ell}_+|\ell m\rangle + \hbar\hat{\ell}_+|\ell m\rangle$$
$$= \hbar(m+1)\hat{\ell}_+|\ell m\rangle \qquad (2.91)$$

となる．したがって，$\hat{\ell}_+|\ell m\rangle$ は，$m$ の値が 1 だけ増した，$\hat{\ell}_z$ の固有関数である．同様に

$$\hat{\ell}_z \hat{\ell}_-|\ell m\rangle = \hbar(m-1)\hat{\ell}_-|\ell m\rangle \qquad (2.92)$$

が得られる．したがって，$\hat{\ell}_-|\ell m\rangle$ は，$m$ の値が 1 だけ減少した，$\hat{\ell}_z$ の固有関数である．これら性質のために，$\hat{\ell}_+$ は上昇演算子および $\hat{\ell}_-$ は下降演算子とよばれる．ここで，$\ell, m$ に依存する定数を $C_\pm(\ell, m)$ として

$$\hat{\ell}_\pm|\ell m\rangle = C_\pm(\ell, m)|\ell m \pm 1\rangle \qquad (2.93)$$

とおくことができる．

状態 $\hat{\ell}_\pm|\ell m\rangle$ のノルム（規格化値）は正値またはゼロであるという条件式に，式 (2.7)-(2.9),(2.30) を代入すると

$$\langle \ell m|(\hat{\ell}_\pm)^\dagger \hat{\ell}_\pm|\ell m\rangle = \langle \ell m|(\hat{\ell}_\mp)\hat{\ell}_\pm|\ell m\rangle$$
$$= \langle \ell m|(\hat{\boldsymbol{\ell}}^2 - \hat{\ell}_z^2 \pm \hbar\hat{\ell}_z)|\ell m\rangle \geq 0. \qquad (2.94)$$

すなわち

$$\ell(\ell+1) \geq m^2 + m, \qquad (2.95)$$

$$\ell(\ell+1) \geq m^2 - m \tag{2.96}$$

が得られる.この式の左辺は $\ell(\ell+1) \geq 0$ であるから,$\ell \geq 0$ とみなせる.そこで,式 (2.95) と式 (2.96) は

$$-\ell \leq m \leq \ell \tag{2.97}$$

であることを意味する.もし,$m$ の値に最小値 ($=m_{\min}$) があれば,対応する固有関数に対して

$$\hat{\ell}_-|\ell m_{\min}\rangle = 0 \tag{2.98}$$

となる.ここで,式 (2.9) を用い,それを固有関数 $|\ell m_{\min}\rangle$ に適用して

$$\ell(\ell+1)\hbar^2 = (m_{\min})^2\hbar^2 - m_{\min}\hbar^2 \tag{2.99}$$

が得られる.同様に,もし,$m$ の値に最大値 ($=m_{\max}$) があれば,対応する固有関数に対して

$$\hat{\ell}_+|\ell m_{\max}\rangle = 0 \tag{2.100}$$

となる.ここで,式 (2.8) を用い,それを固有関数 $|\ell m_{\max}\rangle$ に適用して

$$\ell(\ell+1)\hbar^2 = (m_{\max})^2\hbar^2 + m_{\max}\hbar^2 \tag{2.101}$$

が得られる.したがって,$m_{\min} = -\ell$,$m_{\max} = +\ell$ である.値 $m$ の最大値は,$\hat{\ell}_+$ を繰り返し適用することによって,最小値から1ステップずつ到達できる.すなわち,

(a) 同じ $\ell$ の値をもつ異なる $m$ の値をもつ $(2\ell+1)$ 個の状態があること
(b) $m$ は離散的な値

$$m = -\ell, -(\ell-1), \cdots, -1, 0, 1, 2, \cdots, \ell-1, \ell \tag{2.102}$$

のみを取り得ることがわかる．よって，式 (2.30) が証明された．

次に，式 (2.31) を証明する．式 (2.31) の右辺の係数，すなわち，式 (2.93) で導入された係数 $C_{\pm}(\ell m)$ を計算する．式 (2.93) で表される状態のノルムを計算すると

$$\begin{aligned}|C_{\pm}(\ell m)|^2 \langle \ell, m\pm 1|\ell, m\pm 1\rangle &= \langle \ell m|\hat{\ell}_{\mp}\hat{\ell}_{\pm}|\ell m\rangle \\ &= \langle \ell m|(\hat{\boldsymbol{\ell}}^2 - \hat{\ell}_z^2 \mp \hbar\hat{\ell}_z)|\ell m\rangle \\ &= [\ell(\ell+1) - m(m\pm 1)]\hbar^2 \\ &= [(\ell\mp m)(\ell\pm m+1)]\hbar^2 \end{aligned} \tag{2.103}$$

が得られるので，位相を便利に選ぶと

$$C_+(\ell m) = \hbar\sqrt{(\ell-m)(\ell+m+1)}, \tag{2.104}$$
$$C_-(\ell m) = \hbar\sqrt{(\ell+m)(\ell-m+1)} \tag{2.105}$$

が導かれる．

### 例題 9 の発展問題

**9-1.** $|m|$ の最大値は $\ell$ であるにもかかわらず，$\hat{\boldsymbol{\ell}}^2$ の固有値が，$\ell^2\hbar^2$ ではなく，$\ell(\ell+1)\hbar^2$ となることの理由（意味）を調べる．そのため，軌道角運動量の $x, y$ 成分の揺らぎ $\Delta\ell_x, \Delta\ell_y$ を次のように定義する．

$$(\Delta\ell_x)^2 \equiv \langle \ell m|(\hat{\ell}_x)^2|\ell m\rangle - (\langle \ell m|\hat{\ell}_x|\ell m\rangle)^2, \tag{2.106}$$

$$(\Delta\ell_y)^2 \equiv \langle \ell m|(\hat{\ell}_y)^2|\ell m\rangle - (\langle \ell m|\hat{\ell}_y|\ell m\rangle)^2. \tag{2.107}$$

(1) 式 (2.7) を代入して $(\Delta\ell_x)^2$ を求めよ．
(2) 同様にして，$(\Delta\ell_y)^2 + (\Delta\ell_z)^2$ を求め，$m = \ell$ の場合も含め，この揺らぎの値がゼロかどうかを調べよ．

## 例題 10　軌道角運動量演算子の行列表現

1. 軌道角運動量演算子 $\hat{\ell}_z, \hat{\boldsymbol{\ell}}^2$ の同時固有状態 $|\ell m\rangle$ について，演算子 $\hat{\ell}_z$, $\hat{\ell}^2, \hat{\ell}_\pm$ の行列要素の一般公式を求めよ．
2. $\ell = 1$ の場合，$\hat{\ell}_z, \hat{\boldsymbol{\ell}}^2, \hat{\ell}_+, \hat{\ell}_-, \hat{\ell}_x, \hat{\ell}_y$ の行列表現（表現行列）を求めよ．

## 考え方

$m = +1, 0, -1$ をもつ状態をそれぞれ 1,2,3 番目の固有状態とする．

$$|\ell, m=+1\rangle \equiv \begin{pmatrix} 1 \\ 0 \\ 0 \end{pmatrix} \equiv |1\rangle, \ |\ell, m=0\rangle \equiv \begin{pmatrix} 0 \\ 1 \\ 0 \end{pmatrix} \equiv |2\rangle,$$

$$|\ell, m=-1\rangle \equiv \begin{pmatrix} 0 \\ 0 \\ 1 \end{pmatrix} \equiv |3\rangle. \tag{2.108}$$

## 解答

1. 題意より

$$\langle \ell m'|\hat{\ell}_z|\ell m\rangle = m\hbar \delta_{m'm},$$
$$\langle \ell m'|\hat{\ell}^2|\ell m\rangle = \hbar^2 \ell(\ell+1)\delta_{m'm}, \tag{2.109}$$
$$\langle \ell m'|\hat{\ell}_\pm|\ell m\rangle = \hbar\sqrt{\ell(\ell+1) - m(m\pm 1)}$$
$$\times \delta_{m'm\pm 1}. \tag{2.110}$$

2. 前問の結果を $\ell = 1$ の場合に適用すれば

$$(\hat{\ell}_z)_{11} \equiv \langle 1|\hat{\ell}_z|1\rangle$$
$$\equiv \langle \ell=1, m=1|\hat{\ell}_z|\ell=1, m=1\rangle$$
$$= \hbar, \tag{2.111}$$

**ワンポイント解説**

$$(\hat{\ell}_z)_{12} \equiv \langle 1|\hat{\ell}_z|2\rangle \equiv \langle 1,1|\hat{\ell}_z|1,0\rangle = 0, \quad (2.112)$$

$$(\hat{\ell}_z)_{13} \equiv \langle 1|\hat{\ell}_z|3\rangle \equiv \langle 1,1|\hat{\ell}_z|1,-1\rangle = 0, \quad (2.113)$$

$$(\hat{\ell}_z)_{21} = (\hat{\ell}_z)_{23} = 0, \quad (2.114)$$

$$(\hat{\ell}_z)_{22} \equiv \langle 2|\hat{\ell}_z|2\rangle$$
$$\equiv \langle \ell=1, m=0|\hat{\ell}_z|\ell=1, m=0\rangle$$
$$= 0, \quad (2.115)$$

$$(\hat{\ell}_z)_{31} = (\hat{\ell}_z)_{32} = 0, \quad (2.116)$$

$$(\hat{\ell}_z)_{33} \equiv \langle 3|\hat{\ell}_z|3\rangle$$
$$\equiv \langle \ell=1, m=-1|\hat{\ell}_z|\ell=1, m=-1\rangle$$
$$= -\hbar. \quad (2.117)$$

ゆえに

$$\hat{\ell}_z = \hbar \begin{pmatrix} 1 & 0 & 0 \\ 0 & 0 & 0 \\ 0 & 0 & -1 \end{pmatrix}. \quad (2.118)$$

同様に

$$(\hat{\boldsymbol{\ell}}^2)_{11} = (\hat{\boldsymbol{\ell}}^2)_{22} = (\hat{\boldsymbol{\ell}}^2)_{33} = 2\hbar^2, \quad (2.119)$$

$$(\hat{\boldsymbol{\ell}}^2)_{12} = (\hat{\boldsymbol{\ell}}^2)_{13} = (\hat{\boldsymbol{\ell}}^2)_{21} = (\hat{\boldsymbol{\ell}}^2)_{23} = (\hat{\boldsymbol{\ell}}^2)_{31}$$
$$= (\hat{\boldsymbol{\ell}}^2)_{32} = 0. \quad (2.120)$$

ゆえに

$$\hat{\boldsymbol{\ell}}^2 = 2\hbar^2 \begin{pmatrix} 1 & 0 & 0 \\ 0 & 1 & 0 \\ 0 & 0 & 1 \end{pmatrix}. \quad (2.121)$$

題意より

$$(\hat{\ell}_+)_{11} \equiv \langle 1|\hat{\ell}_+|1\rangle$$
$$\equiv \langle \ell=1, m'=1|\hat{\ell}_+|\ell=1, m=1\rangle$$
$$= 0, \qquad (2.122)$$
$$(\hat{\ell}_+)_{12} \equiv \langle 1|\hat{\ell}_+|2\rangle \equiv \langle 1,1|\hat{\ell}_+|1,0\rangle$$
$$= \hbar\sqrt{1(1+1)-(-0)(-0+1)}$$
$$= \hbar\sqrt{2}, \qquad (2.123)$$
$$(\hat{\ell}_+)_{13} \equiv 0, \qquad (2.124)$$
$$(\hat{\ell}_+)_{21} \equiv \langle 2|\hat{\ell}_+|1\rangle \equiv \langle 1,0|\hat{\ell}_+|1,1\rangle$$
$$= (\hat{\ell}_+)_{22} = 0, \qquad (2.125)$$
$$(\hat{\ell}_+)_{23} \equiv \langle 1,0|\hat{\ell}_+|1,-1\rangle$$
$$= \hbar\sqrt{1(1+1)-(-1)(-1+1)}$$
$$= \hbar\sqrt{2}, \qquad (2.126)$$

$$(\hat{\ell}_+)_{31} = (\hat{\ell}_+)_{32} = (\hat{\ell}_+)_{33} = 0. \qquad (2.127)$$

ゆえに

$$\hat{\ell}_+ = \sqrt{2}\hbar \begin{pmatrix} 0 & 1 & 0 \\ 0 & 0 & 1 \\ 0 & 0 & 0 \end{pmatrix}. \qquad (2.128)$$

同様に

$$(\hat{\ell}_-)_{11} \equiv \langle 1|\hat{\ell}_-|1\rangle \equiv \langle 1,1|\hat{\ell}_-|1,1\rangle = 0, \qquad (2.129)$$
$$(\hat{\ell}_-)_{12} \equiv (\hat{\ell}_-)_{13} = 0, \qquad (2.130)$$

$$(\hat{\ell}_-)_{21} \equiv \langle 2|\hat{\ell}_-|1\rangle \equiv \langle 1,0|\hat{\ell}_-|1,1\rangle$$
$$= \hbar\sqrt{1(1+1) - 1\cdot(1-1)}$$
$$= \hbar\sqrt{2}, \qquad (2.131)$$
$$(\hat{\ell}_-)_{22} \equiv (\hat{\ell}_-)_{23} = (\hat{\ell}_-)_{31} = (\hat{\ell}_-)_{33}$$
$$= 0, \qquad (2.132)$$
$$(\hat{\ell}_-)_{32} \equiv \langle 3|\hat{\ell}_-|2\rangle \equiv \langle 1,-1|\hat{\ell}_-|1,0\rangle$$
$$= \hbar\sqrt{1(1+1) - 0\cdot(0-1)}$$
$$= \hbar\sqrt{2}. \qquad (2.133)$$

ゆえに

$$\hat{\ell}_- = \sqrt{2}\hbar \begin{pmatrix} 0 & 0 & 0 \\ 1 & 0 & 0 \\ 0 & 1 & 0 \end{pmatrix} \qquad (2.134)$$

が得られる．以上の結果と $\hat{\ell}_\pm$ の定義を用いて

$$\hat{\ell}_x = \frac{\hat{\ell}_+ + \hat{\ell}_-}{2} = \frac{\hbar}{\sqrt{2}} \begin{pmatrix} 0 & 1 & 0 \\ 1 & 0 & 1 \\ 0 & 1 & 0 \end{pmatrix} \qquad (2.135)$$

が得られる．同様に

$$\hat{\ell}_y = \frac{\hat{\ell}_+ - \hat{\ell}_-}{2\mathrm{i}} = \frac{\hbar}{\sqrt{2}} \begin{pmatrix} 0 & -\mathrm{i} & 0 \\ \mathrm{i} & 0 & -\mathrm{i} \\ 0 & \mathrm{i} & 0 \end{pmatrix}. \qquad (2.136)$$

## 例題10の発展問題

**10-1.** $\ell = 1$ の場合，交換関係 $[\hat{\ell}_x, \hat{\ell}_y] = \mathrm{i}\hbar\hat{\ell}_z$，すなわち角運動量演算子の代数が閉じていることを確かめよ．

## 例題 11　中心力ポテンシャルが働く 3 次元系のハミルトニアン

3 次元系において，ポテンシャル $V(x,y,z)$ が原点からの距離 $r$ に依存し，角度 $\theta, \phi$ にはよらない（中心力ポテンシャル）場合を考える：$V = V(r)$.

1. 直交座標で表された運動エネルギー演算子 $\hat{K}$ を極座標 $(r, \theta, \phi)$ を用いて書き直せ.
2. この 3 次元系のハミルトニアンを $r$ とその微分，および角運動量 2 乗演算子 $\hat{\ell}^2$ で表せ.

## 考え方

$x, y, z$ についての 1 次の偏微分を極座標 $(r, \theta, \phi)$ を用いて書き直す公式 (2.60)-(2.62) を使う．2 次の偏微分の計算は，1 次微分を 2 回反復するか，合成関数の微分の公式を再度用いる，のいずれか選ぶ.

## 解答

**ワンポイント解説**

1. 直交座標で表された運動エネルギー演算子 $\hat{K}$ は，粒子の質量を $\mu$ として

$$\hat{K} = -\frac{\hbar^2}{2\mu}\left(\frac{\partial^2}{\partial x^2} + \frac{\partial^2}{\partial y^2} + \frac{\partial^2}{\partial z^2}\right) \qquad (2.137)$$

と与えられる．まず $x$ についての 2 次の偏微分を計算する.

$$\frac{\partial^2}{\partial x^2} = \left(\sin\theta\cos\phi\frac{\partial}{\partial r} + \frac{\cos\theta\cos\phi}{r}\frac{\partial}{\partial \theta} - \frac{\sin\phi}{r\sin\theta}\frac{\partial}{\partial \phi}\right) \times \left(\sin\theta\cos\phi\frac{\partial}{\partial r} + \frac{\cos\theta\cos\phi}{r}\frac{\partial}{\partial \theta} - \frac{\sin\phi}{r\sin\theta}\frac{\partial}{\partial \phi}\right)$$

$$
\begin{aligned}
&= \sin^2\theta\cos^2\phi\frac{\partial^2}{\partial r^2} + \cos\theta\Big(\frac{\sin^2\phi}{r^2\sin\theta} \\
&\quad - \frac{2\sin\theta\cos^2\phi}{r^2}\Big)\frac{\partial}{\partial\theta} + \frac{\cos\phi\sin\phi}{r^2}\Big(2 \\
&\quad + \frac{1}{\tan^2\theta}\Big)\frac{\partial}{\partial\phi} + \frac{2\cos\theta\sin\theta\cos^2\phi}{r}\frac{\partial^2}{\partial r\partial\theta} \\
&\quad - \frac{2\cos\phi\sin\phi}{r}\frac{\partial^2}{\partial r\partial\phi} \\
&\quad + \frac{\cos^2\theta\cos^2\phi + \sin^2\phi}{r}\frac{\partial}{\partial r} \\
&\quad + \frac{\cos^2\theta\cos^2\phi}{r^2}\frac{\partial^2}{\partial\theta^2} \\
&\quad - \frac{2\cos\theta\cos\phi\sin\phi}{r^2\sin\theta}\frac{\partial^2}{\partial\theta\partial\phi} \\
&\quad + \frac{\sin^2\phi}{r^2\sin^2\theta}\frac{\partial^2}{\partial\phi^2} \qquad (2.138)
\end{aligned}
$$

が得られる.

$y$ についての 2 次の偏微分については,$x$ についての 2 次の偏微分の結果において,それぞれ,$\cos\phi \to \sin\phi, \sin\phi \to -\cos\phi$ と置き換えて

$$
\begin{aligned}
\frac{\partial^2}{\partial y^2} &= \sin^2\theta\sin^2\phi\frac{\partial^2}{\partial r^2} + \cos\theta\Big(\frac{\cos^2\phi}{r^2\sin\theta} \\
&\quad - \frac{2\sin\theta\sin^2\phi}{r^2}\Big)\frac{\partial}{\partial\theta} - \frac{\cos\phi\sin\phi}{r^2}\Big(2 \\
&\quad + \frac{1}{\tan^2\theta}\Big)\frac{\partial}{\partial\phi} + \frac{2\cos\theta\sin\theta\sin^2\phi}{r}\frac{\partial^2}{\partial r\partial\theta} \\
&\quad + \frac{2\cos\phi\sin\phi}{r}\frac{\partial^2}{\partial r\partial\phi} \\
&\quad + \frac{\cos^2\theta\sin^2\phi + \cos^2\phi}{r}\frac{\partial}{\partial r} \\
&\quad + \frac{\cos^2\theta\sin^2\phi}{r^2}\frac{\partial^2}{\partial\theta^2} \\
&\quad + \frac{2\cos\theta\cos\phi\sin\phi}{r^2\sin\theta}\frac{\partial^2}{\partial\theta\partial\phi} \\
&\quad + \frac{\cos^2\phi}{r^2\sin^2\theta}\frac{\partial^2}{\partial\phi^2} \qquad (2.139)
\end{aligned}
$$

・1 次の偏微分の式を比較

が得られる．これらの結果を加えて

$$\frac{\partial^2}{\partial x^2} + \frac{\partial^2}{\partial y^2} = \sin^2\theta \frac{\partial^2}{\partial r^2} + \frac{\cos\theta}{r^2\sin\theta}(1 - 2\sin^2\theta)\frac{\partial}{\partial \theta}$$
$$+ \frac{2\cos\theta\sin\theta}{r}\frac{\partial^2}{\partial r\partial\theta}$$
$$+ \frac{1}{r}(1 + \cos^2\theta)\frac{\partial}{\partial r} + \frac{\cos^2\theta}{r^2}\frac{\partial^2}{\partial\theta^2}$$
$$+ \frac{1}{r^2\sin^2\theta}\frac{\partial^2}{\partial\phi^2}. \tag{2.140}$$

さらに，$z$ についての 2 次の偏微分を計算する．これは 2 次元系における $x$ についての偏微分 (1.28) において，角変数 $\phi$ を $\theta$ の置き換えれば得られる．したがって

$$\frac{\partial^2}{\partial z^2} = \cos^2\theta \frac{\partial^2}{\partial r^2} + \frac{2\cos\theta\sin\theta}{r^2}\frac{\partial}{\partial\theta}$$
$$- \frac{2\cos\theta\sin\theta}{r}\frac{\partial}{\partial r}\frac{\partial}{\partial\theta}$$
$$+ \frac{\sin^2\theta}{r}\frac{\partial}{\partial r} + \frac{\sin^2\theta}{r^2}\frac{\partial^2}{\partial\theta^2} \tag{2.141}$$

運動エネルギー演算子は

$$\hat{K} = -\frac{\hbar^2}{2\mu}\Big[\frac{\partial^2}{\partial r^2} + \frac{2}{r}\frac{\partial}{\partial r} + \frac{1}{r^2\sin\theta}\frac{\partial}{\partial\theta}\Big(\sin\theta\frac{\partial}{\partial\theta}\Big)$$
$$+ \frac{1}{r^2\sin^2\theta}\frac{\partial^2}{\partial\phi^2}\Big] \tag{2.142}$$

と書ける．
2. まず，$\hat{\ell}^2$ の極座標表示 (2.20) を証明する．そのために，式 (2.8) を用いる．まず

例題 11　中心力ポテンシャルが働く 3 次元系のハミルトニアン　39

$$\begin{aligned}
\hat{\ell}_-\hat{\ell}_+ &= \hbar^2 \mathrm{e}^{-\mathrm{i}\phi}\Big(-\frac{\partial}{\partial\theta}+\mathrm{i}\frac{\cos\theta}{\sin\theta}\frac{\partial}{\partial\phi}\Big) \\
&\quad \times \Big[\mathrm{e}^{\mathrm{i}\phi}\Big(\frac{\partial}{\partial\theta}+\mathrm{i}\frac{\cos\theta}{\sin\theta}\frac{\partial}{\partial\phi}\Big)\Big] \\
&= -\hbar^2\frac{\partial^2}{\partial\theta^2}+\mathrm{i}\hbar^2\frac{\partial}{\partial\phi}-\hbar^2\frac{\cos\theta}{\sin\theta}\frac{\partial}{\partial\theta} \\
&\quad -\hbar^2\frac{\cos^2\theta}{\sin^2\theta}\frac{\partial^2}{\partial\phi^2} \quad (2.143)
\end{aligned}$$

・$\hat{\ell}_x, \hat{\ell}_y$ ではなく $\hat{\ell}_\pm$ を使う.

を求める. 次に, 式 (2.18) より

$$\hat{\ell}_z^2 = -\hbar^2\frac{\partial^2}{\partial\phi^2}, \quad (2.144)$$

$$\hbar\hat{\ell}_z = -\mathrm{i}\hbar^2\frac{\partial}{\partial\phi} \quad (2.145)$$

が得られる. これらの 3 つの式を加えると

$$\begin{aligned}
\hat{\boldsymbol{\ell}}^2 &= -\hbar^2\Big(\frac{\cos\theta}{\sin\theta}\frac{\partial}{\partial\theta}+\frac{\partial^2}{\partial\theta^2}+\frac{1}{\sin^2\theta}\frac{\partial^2}{\partial\phi^2}\Big) \\
&= -\hbar^2\Big[\frac{1}{\sin\theta}\frac{\partial}{\partial\theta}\Big(\sin\theta\frac{\partial}{\partial\theta}\Big)+\frac{1}{\sin^2\theta}\frac{\partial^2}{\partial\phi^2}\Big]
\end{aligned}$$

が求まる. したがって, 運動量演算子 $\hat{K}$ は

$$\hat{K} = -\frac{\hbar^2}{2\mu}\Big[\frac{\partial^2}{\partial r^2}+\frac{2}{r}\frac{\partial}{\partial r}-\frac{\hat{\boldsymbol{\ell}}^2}{\hbar^2 r^2}\Big] \quad (2.146)$$

$$= -\frac{\hbar^2}{2\mu}\Big[\frac{1}{r^2}\frac{\partial}{\partial r}\Big(r^2\frac{\partial}{\partial r}\Big)-\frac{\hat{\boldsymbol{\ell}}^2}{\hbar^2 r^2}\Big]. \quad (2.147)$$

## 例題 11 の発展問題

**11-1.** 中心力ポテンシャルの下での量子的粒子の波動関数 $\psi(x,y,z)$ を変数分離型, $\psi(x,y,z) = R(r)Y_{\ell m}(\theta,\phi)$ として動径波動関数 $R(r)$ の満たすべき微分方程式を求めよ.

重要度
★★★

# 3 量子系の対称性と保存量

―《 内容のまとめ 》―

**変換についての能動的な見方と受動的な見方**

空間並進，時間変位および空間回転などの操作（変換）を考える場合，系（の状態）を変換するか，時間または空間座標（座標系）を変換するか，2つの見方（立場）が可能である．座標系はそのままにして，系（の状態）を変換する見方を能動的な見方（active point of view）といい，系（の状態）をそのままにして，座標系を変換する見方を受動的な見方（passive point of view）という．これら2つの見方は完全に等価である．本章で議論する事項については，能動的な見方が物理的にはよりもっともらしいと考えられるので，本章では，特に断らない限り，この見方を採用する．しかし，一様なローレンツ変換では受動的な見方が採用され，それは相対運動が考察されるときに，より適している．章末の参考書の一部には，2つの見方のどちらを採用しているかどうか必ずしも明記されていないためか，基本的な式が，一見すると互いに矛盾するように見えて，初学者には混乱を生じるかもしれないので，注意すべきである．興味深い読者は章末のシッフ，メシア，タヌージら，バレンティンによるそれぞれの教科書を参照のこと．

**空間並進と運動量**

3次元の一様で等方的な空間を考え，そこに直交座標系を張り，1つの点をベクトル $\boldsymbol{x} = (x, y, z)^{\mathrm{T}}$ で表す．今，この空間内の1個の量子的粒子に着目す

る．時刻 $t$ における，その量子状態を $|\alpha(t)\rangle$ であるとする．この粒子にベクトル $\boldsymbol{a} = (a_x, a_y, a_z)^T$ で与えられる変位（空間並進）を変換演算子 $\hat{U}_s(\boldsymbol{a})$ により与えることを考える．すなわち $\hat{U}_s(\boldsymbol{a})$ により状態が $|\alpha'(t)\rangle$ になるとする．

$$|\alpha'(t)\rangle = \hat{U}_s(\boldsymbol{a})|\alpha(t)\rangle \tag{3.1}$$

波動関数では

$$\Psi_{\alpha'}(\boldsymbol{x}, t) = \hat{U}_s(\boldsymbol{a})\Psi_\alpha(\boldsymbol{x}, t) \tag{3.2}$$

と表される．変換演算子は

$$\hat{U}_s(\boldsymbol{a}) = \mathrm{e}^{-\mathrm{i}\boldsymbol{a}\cdot\hat{\boldsymbol{p}}/\hbar} \tag{3.3}$$

と表される．ここで，$\hat{\boldsymbol{p}}$ は運動量演算子である．変位ベクトル $\boldsymbol{a} = (a_x, a_y, a_z)^T$ は実数ベクトルで，$\hat{\boldsymbol{p}}$ はエルミート演算子であるから，$\hat{U}_s(\boldsymbol{a})$ はユニタリ演算子となる．すなわち，

$$\hat{U}_s^\dagger(\boldsymbol{a})\hat{U}_s(\boldsymbol{a}) = \hat{U}_s(\boldsymbol{a})\hat{U}_s^\dagger(\boldsymbol{a}) = 1 \tag{3.4}$$

が満たされる．さらに，運動量演算子 $\hat{\boldsymbol{p}}$ の各成分は可換であるから，2つの空間並進 $\boldsymbol{a}_1, \boldsymbol{a}_2$ についての変換も可換である．

$$[\hat{U}_s(\boldsymbol{a}_1), \hat{U}_s(\boldsymbol{a}_2)] = 0 \tag{3.5}$$

である．

**時間変位とハミルトニアン**

空間並進と同様に，状態 $|\alpha(t)\rangle$ に対して，時間についての無限小の $\varepsilon$ のずれ（時間変位，time displacement）を変換 $\hat{U}_t(\varepsilon)$ で与えることを考える．

$$|\alpha'(t)\rangle = \hat{U}_t(\varepsilon)|\alpha(t)\rangle. \tag{3.6}$$

波動関数では

$$\Psi_{\alpha'}(\boldsymbol{x}, t) = \hat{U}_t(\varepsilon)\Psi_\alpha(\boldsymbol{x}, t). \tag{3.7}$$

と表わされる．$\hat{H}$ が時間 $t$ に依存しない場合には

$$\hat{U}_t(\varepsilon) = \mathrm{e}^{\mathrm{i}\varepsilon\hat{H}/\hbar} \tag{3.8}$$

と表される．時間発展演算子のそれと指数の符号が逆であることは時間変位が逆の時間発展に対応していることによる．

時間変位の値 $\varepsilon$ は実数で，$\hat{H}$ はエルミート演算子であるから，$\hat{U}_t(\varepsilon)$ はユニタリ演算子となる．

$$\hat{U}_t^\dagger(\varepsilon)\hat{U}_t(\varepsilon) = \hat{U}_t(\varepsilon)\hat{U}_t^\dagger(\varepsilon) = 1 \tag{3.9}$$

が満たされる．さらに，ハミルトニアン同士は可換であるから，2つの時間変位も可換である．すなわち

$$[\hat{U}_t(\varepsilon_1),\hat{U}_t(\varepsilon_2)] = 0 \tag{3.10}$$

である（注意：もし，$\hat{H}$ が時間に依存する場合には，結果は式 (3.8) の形にはまとまらず，複雑な形となる）．

**空間回転と軌道角運動量**

まず，通常の空間における位置ベクトル $\boldsymbol{x}$ を，ベクトル $\boldsymbol{\theta} = (\theta_x,\theta_y,\theta_z)$ の向きに無限小の角度 $|\boldsymbol{\theta}|$ だけ回転させるという幾何学的な回転を考える（図 3.1 参照）．この無限小回転により，位置ベクトル $\boldsymbol{x}$ はベクトル積を用いて

$$\boldsymbol{x}' = \hat{R}(\boldsymbol{\theta})\boldsymbol{x} = \boldsymbol{x} + \boldsymbol{\theta} \times \boldsymbol{x} \tag{3.11}$$

と表される別のベクトル $\boldsymbol{x}'$ に変わる．ここで，$\hat{R}(\boldsymbol{\theta})$ の行列表現は

$$\hat{R}(\boldsymbol{\theta}) = \begin{pmatrix} 1 & -\theta_z & \theta_y \\ \theta_z & 1 & -\theta_x \\ -\theta_y & \theta_x & 1 \end{pmatrix}. \tag{3.12}$$

以下，簡潔にするため，$z$ 軸のまわりの無限小の角度 $\theta$ の回転を考える：

$$\hat{R}_z(\theta) = \begin{pmatrix} 1 & -\theta & 0 \\ \theta & 1 & 0 \\ 0 & 0 & 1 \end{pmatrix}. \tag{3.13}$$

ここで $\hat{R}_z(\theta)$ の角度の符号が座標軸の回転の公式とは逆であることに注意する．

次に，状態空間において，系の状態ベクトル $|\alpha(t)\rangle$ を $z$ 軸のまわりに角度 $\theta$ の回転させて，別の状態ベクトル $|\alpha'(t)\rangle$ に変える回転演算子を $\hat{U}_z(\theta)$ とする：

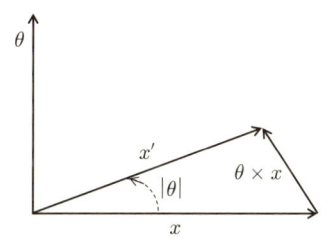

図 3.1: ベクトルの回転

$$|\alpha'(t)\rangle = \hat{U}_z(\theta)|\alpha(t)\rangle. \tag{3.14}$$

波動関数では

$$\Psi_{\alpha'}(\boldsymbol{x}, t) = \hat{U}_z(\theta)\Psi_\alpha(\boldsymbol{x}, t). \tag{3.15}$$

と表される．無限小回転の場合

$$\hat{U}_z(\theta) = 1 - \frac{\mathrm{i}\theta\hat{\ell}_z}{\hbar} \tag{3.16}$$

と表される．

　回転角は連続的に変化しうるので，無数の無限小回転を繰り返すことにより有限回転を生成できる．有限回転の場合に拡張された場合，$\hat{U}_z(\theta)$ は

$$\hat{U}_z(\theta) = \mathrm{e}^{-\mathrm{i}\theta\hat{\ell}_z/\hbar} \tag{3.17}$$

と表される．ここで，$\hat{\ell}_z$ は軌道角運動量演算子の $z$ 成分である．

　$\hat{\ell}_z$ がエルミート演算子であるから，空間並進や時間変位と同様に，空間回転という変換はユニタリ変換である．すなわち

$$\hat{U}_z^\dagger(\theta)\hat{U}_z(\theta) = \hat{U}_z(\theta)\hat{U}_z^\dagger(\theta) = 1 \tag{3.18}$$

が満たされる．

**対称性と保存量**

　空間並進，時間変位，空間回転という変換を施された状態は変換前と同様に，シュレディンガー方程式を満たすのであろうか．あるいは，シュレディンガー方程式を満たすために，演算子 $\hat{U}_s(\boldsymbol{a}), \hat{U}_t(\varepsilon), \hat{U}_r(\boldsymbol{\theta})$ に要請される条件は何であろうか．簡単のために，3種の変換演算子をまとめて $\hat{U}$ と記して，波

動関数を $\Psi$,変換された波動関数を $\Psi'$ と表すことにする.この場合

$$\Psi' \equiv \hat{U}\Psi, \tag{3.19}$$

$$\hat{U}\hat{U}^\dagger = \hat{U}^\dagger\hat{U} = 1, \tag{3.20}$$

$$i\hbar\frac{\partial}{\partial t}\Psi = \hat{H}\Psi \tag{3.21}$$

が成立する.変換されたハミルトニアン $\hat{H}'$ に対するシュレディンガー方程式

$$i\hbar\frac{\partial \Psi'}{\partial t} = \hat{H}'\Psi' \tag{3.22}$$

であり,変換されたハミルトニアン $H'$ は

$$\hat{H}' \equiv \hat{U}\hat{H}\hat{U}^\dagger + i\hbar\frac{\partial \hat{U}}{\partial t}\hat{U}^\dagger \tag{3.23}$$

と定義される.

空間並進および時間変位の場合,もし,ユニタリ変換 $\hat{U}$ が時間に依存しなければ,$\hat{H}' = \hat{U}\hat{H}\hat{U}^\dagger$ となる.この場合,$\hat{H}' = \hat{H}$ となるための条件は

$$[\hat{H}, \hat{U}] = 0 \tag{3.24}$$

すなわち,$\hat{H}$ と $\hat{U}$ が可換であることである.$\hat{U} = \hat{U}_s(\boldsymbol{a})$ の場合には,ハミルトニアンと運動量演算子が交換可能の場合,すなわち空間が一様であるか孤立系であれば,運動量がよい量子数になり,保存されることを意味する.同様に,$\hat{U} = \hat{U}_z(\theta)$ の場合には,ハミルトニアンと軌道角運動量演算子が交換可能の場合,すなわち,空間が等方的であるか,中心力であるか,孤立系であれば,軌道角運動量がよい量子数になり,保存されることを意味する.

## 例題 12　並進・時間変位・回転の演算子の導出

式 (3.3), (3.8), (3.17) を導出せよ．

### 考え方

通常の空間におけるベクトルの並進，回転と，状態空間における状態（ベクトル）への並進，回転を生成する演算子を区別すること．変数のある値の近傍における関数のテイラー展開を用いる．

### 解答

まず，式 (3.3) を導出する．ケット $|\boldsymbol{x}\rangle$ は，その中で量子的粒子が位置 $\boldsymbol{x}$ に完全に局在化していることと演算子 $\hat{U}_s(\boldsymbol{a})$ の定義より

$$\hat{U}_s(\boldsymbol{a})|\boldsymbol{x}\rangle = |\boldsymbol{x}+\boldsymbol{a}\rangle. \tag{3.25}$$

同様に

$$\langle\boldsymbol{x}|\hat{U}_s(\boldsymbol{a}) = \langle\boldsymbol{x}-\boldsymbol{a}|. \tag{3.26}$$

式 (3.1) の両辺とブラ $\langle\boldsymbol{x}|$ の内積をとると

$$\begin{aligned}\langle\boldsymbol{x}|\alpha'(t)\rangle &= \langle\boldsymbol{x}|\hat{U}_s(\boldsymbol{a})|\alpha(t)\rangle \\ &= \langle\boldsymbol{x}-\boldsymbol{a}|\alpha(t)\rangle\end{aligned} \tag{3.27}$$

となる．ここで式 (3.26) を用いた．この式を波動関数で表すと

$$\Psi_{\alpha'}(\boldsymbol{x},t) = \Psi_\alpha(\boldsymbol{x}-\boldsymbol{a},t) \tag{3.28}$$

となる．この式は次のようにも書ける．

$$\Psi_{\alpha'}(\boldsymbol{x}+\boldsymbol{a},t) = \Psi_\alpha(\boldsymbol{x},t). \tag{3.29}$$

式 (3.29) は，位置ベクトルの並進と状態ベクトルの並進の両方を行えば，波動関数の値は変わらないことを意

### ワンポイント解説

・ $\langle\boldsymbol{x}|\boldsymbol{x}'\rangle = \delta(\boldsymbol{x}-\boldsymbol{x}')$ であること

味している．

式 (3.2) の右辺を $\boldsymbol{a}$ についてテイラー展開すると

$$\Psi(\boldsymbol{x}-\boldsymbol{a},t) = \Psi(\boldsymbol{x},t) - \boldsymbol{a}\cdot\boldsymbol{\nabla}\Psi(\boldsymbol{x},t) \qquad (3.30)$$
$$+ \frac{1}{2!}(-\boldsymbol{a}\cdot\boldsymbol{\nabla})^2\Psi(\boldsymbol{x},t) + \cdots$$

となる．したがって並進の演算子

$$\hat{U}_s(\boldsymbol{a}) = \mathrm{e}^{-\boldsymbol{a}\cdot\boldsymbol{\nabla}} = \mathrm{e}^{-\mathrm{i}\boldsymbol{a}\cdot\hat{\boldsymbol{p}}/\hbar} \qquad (3.31)$$

・運動量演算子
$\hat{\boldsymbol{p}} = -\mathrm{i}\hbar\boldsymbol{\nabla}$

が得られる．

次に，式 (3.8) を証明する．並進の場合の式 (3.29) のように，時間の変位と状態ベクトルの時間変位の両方を行うと考えれば

$$|\alpha'(t+\varepsilon)\rangle = |\alpha(t)\rangle \qquad (3.32)$$

と書ける．この式を書き直して，右辺のテイラー展開を行うと

$$|\alpha'(t)\rangle = |\alpha(t-\varepsilon)\rangle$$
$$= |\alpha(t)\rangle - \varepsilon\frac{d}{dt}|\alpha(t)\rangle$$
$$+ \frac{1}{2!}\left(-\varepsilon\frac{d}{dt}\right)^2|\alpha(t)\rangle + \cdots. \qquad (3.33)$$

系のハミルトニアンを $\hat{H}$ とすれば，時間依存のシュレディンガー方程式

$$\mathrm{i}\hbar\frac{d}{dt}|\alpha(t)\rangle = \hat{H}|\alpha(t)\rangle \qquad (3.34)$$

を用いて，式 (3.33) の右辺の第 2 項，すなわち，$\varepsilon$ の 1 次の項は

$$-\varepsilon\frac{d}{dt}|\alpha(t)\rangle = \frac{\mathrm{i}\varepsilon}{\hbar}\hat{H}|\alpha(t)\rangle \qquad (3.35)$$

と書ける．次に，第 3 項，すなわち $\varepsilon$ の 2 次の項は

$$\frac{\varepsilon^2}{2!}\frac{d^2}{dt^2}|\alpha(t)\rangle = \frac{\varepsilon^2}{2!}\frac{d}{dt}\left(-\frac{\mathrm{i}}{\hbar}\hat{H}|\alpha(t)\rangle\right) \quad (3.36)$$

と書ける.いま,$\hat{H}$ が時間 $t$ に依存しない場合を考えると,式 (3.36) の右辺は

$$\frac{\varepsilon^2}{2!}\frac{d}{dt}\left(-\frac{\mathrm{i}}{\hbar}\hat{H}|\alpha(t)\rangle\right) = \frac{1}{2!}\left(\frac{\mathrm{i}\varepsilon}{\hbar}\hat{H}\right)^2|\alpha(t)\rangle \quad (3.37)$$

と書き直せる.同様に,$\varepsilon^n$ 次の項も

$$\frac{1}{n!}\left(\frac{\mathrm{i}\varepsilon}{\hbar}\hat{H}\right)^n|\alpha(t)\rangle \quad (3.38)$$

と書ける.したがって,式 (3.8) が証明された.

最後に,式 (3.17) を導く.まず通常の空間において,位置ベクトル $\boldsymbol{x}$ を $z$ 軸まわりの無限小角度 $\theta$ で幾何学的に回転させると,別のベクトル $\hat{R}_z(\theta)\boldsymbol{x}$ になる.ケット $|\boldsymbol{x}\rangle$ は量子的粒子が位置 $\boldsymbol{x}$ に局在する状態であり,状態空間における回転演算子 $\hat{U}_z(\theta)$ の定義より

$$\hat{U}_z(\theta)|\boldsymbol{x}\rangle = |\hat{R}_z(\theta)\boldsymbol{x}\rangle \quad (3.39)$$

と書ける.$\hat{R}_z(\theta)$ はケットの内側のベクトル $\boldsymbol{x}$ にかかっていることに注意する.同様に

$$\langle\boldsymbol{x}|\hat{U}_z(\theta) = \langle\hat{R}_z^{-1}(\theta)\boldsymbol{x}| \quad (3.40)$$

となる.ここで,$\hat{R}_z^{-1}(\theta)$ は $\hat{R}_z(\theta)$ の逆行列で,今は転置行列と等しく

$$\hat{R}_z^{-1}(\theta) = \begin{pmatrix} 1 & \theta & 0 \\ -\theta & 1 & 0 \\ 0 & 0 & 1 \end{pmatrix}. \quad (3.41)$$

式 (3.14) の両辺とケット $\langle\boldsymbol{x}|$ の内積をとると

$$\langle \boldsymbol{x}|\alpha'(t)\rangle = \langle \boldsymbol{x}|\hat{U}_z(\theta)|\alpha(t)\rangle$$
$$= \langle \hat{R}_z^{-1}(\theta)\boldsymbol{x}|\alpha(t)\rangle \tag{3.42}$$

となる. ここで, 式 (3.40) を用いた. 式 (3.42) を波動関数で表すと

$$\Psi_{\alpha'}(\boldsymbol{x},t) = \Psi_\alpha(\hat{R}_z^{-1}(\theta)\boldsymbol{x},t)$$
$$= \Psi_\alpha(x+\theta y, y-\theta x, z, t) \tag{3.43}$$

となる. この式の右辺を $\boldsymbol{x}=(x,y,z)$ のまわりでテイラー展開すると

$$\Psi_{\alpha'}(\boldsymbol{x},t) = \Psi_\alpha(\boldsymbol{x},t) + \theta(y\frac{\partial}{\partial x} - x\frac{\partial}{\partial y})\Psi_\alpha(\boldsymbol{x},t)$$
$$= (1 - \frac{\mathrm{i}\theta}{\hbar}\hat{\ell}_z)\Psi_\alpha(\boldsymbol{x},t) \tag{3.44}$$

となる. ここで, $\theta$ について2次以上の高次の微小量を無視した. したがって, 無限小回転の場合

$$\hat{U}_z(\theta) = (1 - \frac{\mathrm{i}\theta}{\hbar}\hat{\ell}_z) \tag{3.45}$$

が得られた. 有限の角度 $\theta$ の場合, $\theta$ を $N$ 等分して, 角度 $\theta/N$ の無限小回転を $N$ 回繰り返し, $N \to \infty$ の極限をとると

$$\hat{U}_z(\theta) = \lim_{N \to \infty}\left(1 - \frac{\mathrm{i}\theta}{\hbar N}\hat{\ell}_z\right)^N$$
$$= \mathrm{e}^{-\mathrm{i}\theta\hat{\ell}_z/\hbar} \tag{3.46}$$

となり, 式 (3.17) が導出される.

・公式
$\lim_{n \to \infty}(1+\frac{x}{n})^n = \mathrm{e}^x.$

### 例題 12 の発展問題

**12-1.** 並進, 時間変位, 回転についての演算子 $\hat{U}'$ を受動的な見方, すなわち, 系の状態ではなく座標軸などを変換することにより導け.

## 例題 13　ユニタリ変換された時間依存シュレディンガー方程式

式 (3.22) を証明せよ．

### ‖解答‖

まず，時間依存のシュレディンガー方程式の両辺に，左側から $\hat{U}$ を作用させて

$$i\hbar \hat{U} \frac{\partial \Psi}{\partial t} = \hat{U} \hat{H} \Psi \tag{3.47}$$

を得る．式 (3.47) の右辺を，次のように書き直す．

$$\frac{\partial \Psi}{\partial t} = \frac{\partial \hat{U}^\dagger}{\partial t} \Psi' + \hat{U}^\dagger \frac{\partial \Psi'}{\partial t}. \tag{3.48}$$

次に，ユニタリ変換の性質 (3.20) の両辺を，時間 $t$ で微分した式の両辺に，左側から $\hat{U}^\dagger$ を作用させ，ユニタリ変換の性質を使って

$$\frac{\partial \hat{U}^\dagger}{\partial t} = -\hat{U}^\dagger \frac{\partial \hat{U}}{\partial t} \hat{U}^\dagger \tag{3.49}$$

を得る．この式 (3.49) を式 (3.48) の右辺に代入して

$$\frac{\partial \Psi}{\partial t} = -\hat{U}^\dagger \frac{\partial \hat{U}}{\partial t} \hat{U}^\dagger \Psi' + \hat{U}^\dagger \frac{\partial \Psi'}{\partial t} \tag{3.50}$$

を得る．式 (3.50) を式 (3.47) に代入すると

$$\frac{\partial \Psi}{\partial t} = -\hat{U}^\dagger \frac{\partial \hat{U}}{\partial t} \hat{U}^\dagger \Psi' + \hat{U}^\dagger \frac{\partial \Psi'}{\partial t} \tag{3.51}$$

が得られる．この式 (3.51) を式 (3.47) に代入して，ユニタリ変換の性質を用いて整理すると

$$i\hbar \frac{\partial \Psi'}{\partial t} = \left[ \hat{U} \hat{H} \hat{U}^\dagger + i\hbar \frac{\partial \hat{U}}{\partial t} \hat{U}^\dagger \right] \Psi' \tag{3.52}$$

が得られた．すなわち，式 (3.22) が証明された．

### ワンポイント解説

## 例題13の発展問題

**13-1.** 式 (3.52) の $\psi'$ を，$\hat{U}\Psi$ に置き換えることにより，元の時間依存のシュレディンガー方程式が導かれることを確認せよ．

## 第3章の参考図書

[3-1] 猪木慶治，川合光，『基礎量子力学』，講談社サイエンティフィック (2009). 特に，8章．

[3-2] 米谷民明，『量子論入門講義』，培風館 (1998). 特に，10章．

[3-3] 上田正仁『現代量子物理学』培風館 (2007). 特に，pp.49-53.

[3-4] 二宮正夫，杉野文彦，杉山忠男『量子力学 II』，講談社，2010年．特に，2章．

[3-5] L. I. シッフ, Quantum Mechanics, 3rd. edn, McGraw-Hill, 1968. Sections 26 and 27. 同日本語訳『量子力学 (3版)』，吉岡書店．特に，7章．

[3-6] A. メシア『量子力学』，第2巻，東京図書，1981年．特に，10 − 12節．

[3-7] C. Cohen-Tannoudji, B. Diu, F. Laloe, Quantum Mechanics, (2 vol. set), Wiley-Interscience(1992). Complement $B_{VI}$, Angular Momentum and Rotations. pp.690-700.

[3-8] L. E. Balletine, Quantum Mechanics - A Modern Development -, World Scientific, 1998. Sections 3.2, 3.3 and 7.5.

重要度 ★★★★★

# 4 スピン

―《 内容のまとめ 》―

**内部自由度としてのスピン**

　スピン（spin）は，それぞれの量子的粒子に固有の自由度（内部自由度）であり，軌道角運動量演算子に対する固有関数（球面調和関数 $Y_{\ell m}(\theta, \phi)$）のように，古典的粒子の自転に対する角度変数のような外部変数をもたない（このため，スピン自由度を数理的に表現するためには，軌道角運動量演算子の固有状態に対しては，便宜的に用いたディラック記号のケットベクトルを用いることは便宜的ではなく，基本的である）．

**スピン演算子は軌道角運動量と同じ交換関係を満たす**

　スピン演算子の $x, y, z$ 成分 $\hat{s}_x, \hat{s}_y, \hat{s}_z$ は，以下のように，軌道角運動量演算子 $(\hat{\ell}_x, \hat{\ell}_y, \hat{\ell}_z)$ と同形の交換関係を満たす．

$$[\hat{s}_x, \hat{s}_y] = i\hbar \hat{s}_z, \quad [\hat{s}_y, \hat{s}_z] = i\hbar \hat{s}_x, \quad [\hat{s}_z, \hat{s}_x] = i\hbar \hat{s}_y. \tag{4.1}$$

3つの成分を，次のようにまとめて表現することもできる．

$$\hat{\boldsymbol{s}} = \hat{s}_x \boldsymbol{i} + \hat{s}_y \boldsymbol{j} + \hat{s}_z \boldsymbol{k}. \tag{4.2}$$

さらに，スピン演算子の2乗演算子も次式で定義する．

$$\hat{\boldsymbol{s}}^2 \equiv \hat{s}_x^2 + \hat{s}_y^2 + \hat{s}_z^2. \tag{4.3}$$

ここで，スピン演算子の $x, y$ 成分の線型結合により，非エルミート型の新しい演算子（昇降演算子）を定義する．

$$\hat{s}_\pm \equiv \hat{s}_x \pm i\hat{s}_y, \hat{s}_\pm^\dagger = \hat{s}_\mp. \tag{4.4}$$

これらの式を用いて，次の関係式が導かれる．

$$\hat{\boldsymbol{s}}^2 = \begin{cases} \hat{s}_-\hat{s}_+ + \hat{s}_z^2 + \hbar\hat{s}_z, \\ \hat{s}_+\hat{s}_- + \hat{s}_z^2 - \hbar\hat{s}_z, \\ \frac{1}{2}(\hat{s}_+\hat{s}_- + \hat{s}_-\hat{s}_+) + \hat{s}_z^2. \end{cases} \tag{4.5}$$

$$[\hat{s}_z, \hat{s}_\pm] = \pm\hbar\hat{s}_\pm. (\text{複号同順}), \tag{4.6}$$

$$[\hat{s}_+, \hat{s}_-] = 2\hbar\hat{s}_z, \tag{4.7}$$

$$[\hat{\boldsymbol{s}}^2, \hat{s}_\pm] = 0. \tag{4.8}$$

スピン演算子の固有値や，その演算結果をまとめておく．

$$\hat{\boldsymbol{s}}^2|s,m\rangle = \hbar^2 s(s+1)|s,m\rangle, (s=1/2, m=\pm 1/2), \tag{4.9}$$

$$\hat{s}_z|s,m\rangle = \hbar m|s,m\rangle, \tag{4.10}$$

$$\hat{s}_\pm|s,m\rangle = \begin{cases} \hbar\sqrt{s(s+1) - m(m\pm 1)}|s, m\pm 1\rangle, (\text{複号同順}) \\ \hbar\sqrt{(s\mp m)(s\pm m+1)}|s, m\pm 1\rangle, (\text{複号同順}). \end{cases} \tag{4.11}$$

スピン演算子 $\hat{\boldsymbol{s}}^2, \hat{s}_z$ の固有状態ベクトルを，以下のように，記号 $|\alpha\rangle, |\beta\rangle$，または $|\uparrow\rangle, |\downarrow\rangle$ で表すことも多い．

$$|s=1/2, m=1/2\rangle \equiv |\alpha\rangle \equiv |\uparrow\rangle = \begin{pmatrix} 1 \\ 0 \end{pmatrix}, \tag{4.12}$$

$$|s=1/2, m=-1/2\rangle \equiv |\beta\rangle \equiv |\downarrow\rangle = \begin{pmatrix} 0 \\ 1 \end{pmatrix}. \tag{4.13}$$

計算の便宜のために，$|\alpha\rangle$, $|\beta\rangle$ を用いて，スピン演算子の固有値や，その演算結果をまとめておく．

$$\hat{\boldsymbol{s}}^2|\alpha\rangle = \frac{1}{2}(\frac{1}{2}+1)\hbar^2|\alpha\rangle, \ \hat{\boldsymbol{s}}^2|\beta\rangle = \frac{1}{2}(\frac{1}{2}+1)\hbar^2|\beta\rangle, \tag{4.14}$$

$$\hat{s}_z|\alpha\rangle = \frac{1}{2}\hbar|\alpha\rangle, \ \hat{s}_z|\beta\rangle = -\frac{1}{2}\hbar|\beta\rangle, \tag{4.15}$$

$$\hat{s}_+|\alpha\rangle = 0, \ \hat{s}_+|\beta\rangle = \hbar|\alpha\rangle, \tag{4.16}$$

$$\hat{s}_-|\alpha\rangle = \hbar|\beta\rangle, \ \hat{s}_-|\beta\rangle = 0. \tag{4.17}$$

このような表現をみれば，演算子 $\hat{s}_\pm$ を昇降演算子とよぶ理由が理解しやすいであろう．図 4.1 のように考えると，よりイメージしやすい．さらに，スピン演算子の表現行列が，$(2\times 2)$ 行列となる理由も自明となるであろう．

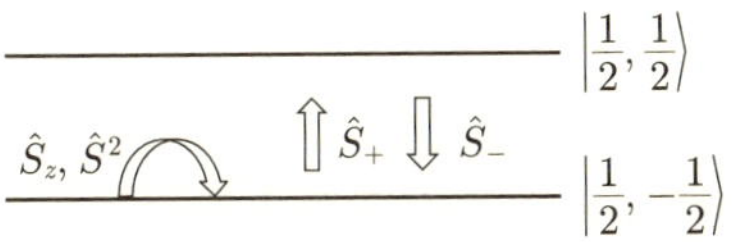

図 4.1: スピン角運動量の量子化と昇降演算子

スピン演算子の固有ベクトルは規格直交化されている．

$$\langle\alpha|\alpha\rangle = \langle\beta|\beta\rangle = 1, \tag{4.18}$$

$$\langle\alpha|\beta\rangle = \langle\beta|\alpha\rangle = 0. \tag{4.19}$$

スピン演算子の行列表現は，パウリ行列 $(\hat{\sigma}_x, \hat{\sigma}_y, \hat{\sigma}_z)$ を用いて $\hat{s}_x = \hbar\hat{\sigma}_x/2, \hat{s}_y = \hbar\hat{\sigma}_y/2, \hat{s}_z = \hbar\hat{\sigma}_z/2$ と書ける．パウリ行列は次のように定義される．

$$\hat{\sigma}_x \equiv \begin{pmatrix} 0 & 1 \\ 1 & 0 \end{pmatrix}, \ \hat{\sigma}_y \equiv \begin{pmatrix} 0 & -\mathrm{i} \\ \mathrm{i} & 0 \end{pmatrix}, \ \hat{\sigma}_z \equiv \begin{pmatrix} 1 & 0 \\ 0 & -1 \end{pmatrix}. \tag{4.20}$$

したがって，スピン演算子 $\hat{s}_x, \hat{s}_y, \hat{s}_z$ の行列表現は以下のように与えられる．

$$\hat{s}_x = \begin{pmatrix} 0 & \frac{\hbar}{2} \\ \frac{\hbar}{2} & 0 \end{pmatrix}, \ \hat{s}_y = \begin{pmatrix} 0 & -\mathrm{i}\frac{\hbar}{2} \\ \mathrm{i}\frac{\hbar}{2} & 0 \end{pmatrix}, \ \hat{s}_z = \begin{pmatrix} \frac{\hbar}{2} & 0 \\ 0 & -\frac{\hbar}{2} \end{pmatrix}. \tag{4.21}$$

**2成分複素ベクトルとしてのスピノールの2価性または$4\pi$周期性**

前項で説明したように,軌道角運動量演算子とスピン演算子は同じ交換関係を満たすという意味では共通性がある.しかし,$\hbar$を単位として,角運動量の大きさが 1/2 という半整数であることの結果として,任意のスピン状態は 2 成分の複素空間のベクトル (spinor, スピノール) になる.その結果,軌道角運動量に対する $2\pi$ 周期性を満たさない,すなわち空間回転に対して 1 価性を満たさない.

数学における群論の言葉で表現すれば,軌道角運動量の演算子(生成子)は3次元回転群,SO(3) を構成し,スピン演算子は 2 次元ユニタリ群,SU(2) を構成する.SO(3) と SU(2) は,生成子により決まる局所的な性質は同じである.しかし,後に例題で説明するように,3次元の実空間と 2 成分複素ベクトルとしてのスピノールの角度の関係が,$\theta/2, \phi/2$ で決まるという点で,整数の大きさをもつ軌道角運動量と大域的性質が異なる.

---
### 《 スピン自由度の起源 》
---

**スピン 1/2 のフェルミ粒子に対する表現としてのディラック方程式**

特殊相対論において,質量 $m$ の自由粒子について,4元運動量の空間成分 $\boldsymbol{p} = (p_1, p_2, p_3)$,時間成分 $mc$ とエネルギー $E$ の関係式

$$E^2 = c^2(p_1^2 + p_2^2 + p_3^2) + m^2 c^4 \tag{4.22}$$

が成立する.ここで,$c$ は真空中の光速である.ローレンツ変換に対する不変性(ローレンツ共変性)を満たすためには,方程式は 4 元運動量 $(p_1, p_2, p_3, mc)$ について 1 次式でなければならない.3 次元位置ベクトルも $\boldsymbol{x} = (x_1, x_2, x_3)$ と表記する.この時点では,古典的取扱いであって,運動量 $\boldsymbol{p}$ は演算子ではないことに注意する.

この理論的要請を満たすために

$$\frac{E}{c}\hat{1} = \hat{\alpha}_1 p_1 + \hat{\alpha}_2 p_2 + \hat{\alpha}_3 p_3 + \hat{\beta} mc \tag{4.23}$$

と表される.ここで,$\hat{\alpha}_1, \hat{\alpha}_2, \hat{\alpha}_3, \hat{\beta}$ は定数の行列要素をもつ行列からなる 1 次

式に拡張すべきであるとディラックは考えた．なぜならば，$\hat{\alpha}_1, \hat{\alpha}_2, \hat{\alpha}_3, \hat{\beta}$ が行列ではなく単純な数であれば，共変性は満たされないからである．したがって，式 (4.23) の左辺には同じ次元の単位行列 $\hat{1}$ がかかっていることになる．式 (4.23) の両辺を 2 乗し，式 (4.22) を代入すると，

$$[(p_1^2 + p_2^2 + p_3^2) + m^2 c^2]\hat{1} = \hat{\alpha}_1^2 p_1^2 + \hat{\alpha}_2^2 p_2^2 + \hat{\alpha}_3^2 p_3^2 + \hat{\beta}^2 m^2 c^2$$
$$+ (\hat{\alpha}_1 \hat{\alpha}_2 + \hat{\alpha}_2 \hat{\alpha}_1) p_1 p_2 + (\hat{\alpha}_2 \hat{\alpha}_3 + \hat{\alpha}_3 \hat{\alpha}_2) p_2 p_3 + (\hat{\alpha}_3 \hat{\alpha}_1 + \hat{\alpha}_1 \hat{\alpha}_3) p_3 p_1$$
$$+ (\hat{\alpha}_1 \hat{\beta} + \hat{\beta} \hat{\alpha}_1) p_1 mc + (\hat{\alpha}_2 \hat{\beta} + \hat{\beta} \hat{\alpha}_2) p_2 mc + (\hat{\alpha}_3 \hat{\beta} + \hat{\beta} \hat{\alpha}_3) p_3 mc \quad (4.24)$$

となる．ここで，この式を恒等式であると考えて，辺々を等しいとおくと

$$\hat{\alpha}_1^2 = \hat{\alpha}_2^2 = \hat{\alpha}_3^2 = \hat{\beta}^2 = \hat{1}, \quad (4.25)$$

$$\hat{\alpha}_j \hat{\alpha}_k + \hat{\alpha}_k \hat{\alpha}_j = 2\delta_{j,k}, \quad (j, k, = 1, 2, 3), \quad (4.26)$$

$$\hat{\alpha}_j \hat{\beta} + \hat{\beta} \hat{\alpha}_j = 0, \quad (j = 1, 2, 3) \quad (4.27)$$

を満たすべきであることがわかる．これらの条件式を満たす解は $(4 \times 4)$ の行列

$$\hat{\alpha}_1 = \begin{pmatrix} 0 & 0 & 0 & 1 \\ 0 & 0 & 1 & 0 \\ 0 & 1 & 0 & 0 \\ 1 & 0 & 0 & 0 \end{pmatrix}, \quad \hat{\alpha}_2 = \begin{pmatrix} 0 & 0 & 0 & -\mathrm{i} \\ 0 & 0 & \mathrm{i} & 0 \\ 0 & -\mathrm{i} & 0 & 0 \\ \mathrm{i} & 0 & 0 & 0 \end{pmatrix}, \quad (4.28)$$

$$\hat{\alpha}_3 = \begin{pmatrix} 0 & 0 & 1 & 0 \\ 0 & 0 & 0 & -1 \\ 1 & 0 & 0 & 0 \\ 0 & -1 & 0 & 0 \end{pmatrix}, \quad \hat{\beta} = \begin{pmatrix} 1 & 0 & 0 & 0 \\ 0 & 1 & 0 & 0 \\ 0 & 0 & -1 & 0 \\ 0 & 0 & 0 & -1 \end{pmatrix} \quad (4.29)$$

であり，ディラック行列とよばれる．式 (4.28), (4.29) を式 (4.23) に代入し，量子化

$$p_j \to \frac{\hbar}{\mathrm{i}} \frac{\partial}{\partial x_j}, \quad (j = 1, 2, 3), \quad E \to \mathrm{i}\hbar \frac{\partial}{\partial t} \quad (4.30)$$

を行うと，次のようなディラック方程式が得られる．

$$i\hbar\frac{\partial \boldsymbol{\Psi}(\boldsymbol{x},t)}{\partial t} = \hat{H}_{\text{Dirac}}\boldsymbol{\Psi}(\boldsymbol{x},t). \tag{4.31}$$

ディラック方程式は，形式的にはシュレディンガー方程式に似ているが，そのハミルトニアン（ディラック・ハミルトニアン）

$$\hat{H}_{\text{Dirac}} \equiv -ic\hbar\sum_{j=1}^{3}\hat{\alpha}_j\frac{\partial}{\partial x_j} + \hat{\beta}mc^2 \tag{4.32}$$

はシュレディンガー方程式のハミルトニアン $\hat{H}$ と質的に異なり，太字で表した状態関数 $\boldsymbol{\Psi}(\boldsymbol{x},t)$ は単なる関数ではなく，4 次元成分をもつ列ベクトルである．すなわち

$$\boldsymbol{\Psi}(\boldsymbol{x},t) = \begin{pmatrix} \Psi_1(\boldsymbol{x},t) \\ \Psi_2(\boldsymbol{x},t) \\ \Psi_3(\boldsymbol{x},t) \\ \Psi_4(\boldsymbol{x},t) \end{pmatrix}. \tag{4.33}$$

スピンの項で説明したように，スピン演算子の固有状態は 2 成分複素空間内のベクトル（2 成分スピノール）であるが，ここで説明したディラック方程式の解は，反粒子のスピンも含んでいるので，4 成分スピノールとなる．

式 (4.33) を式 (4.31) に代入して，成分ごとに明示的に表すと

$$i\hbar\frac{\partial \Psi_1}{\partial t} = mc^2\Psi_1 - ic\hbar\frac{\partial \Psi_3}{\partial x_3} - ic\hbar\left(\frac{\partial}{\partial x_1} - i\frac{\partial}{\partial x_2}\right)\Psi_4, \tag{4.34}$$

$$i\hbar\frac{\partial \Psi_2}{\partial t} = mc^2\Psi_2 + ic\hbar\frac{\partial \Psi_4}{\partial x_3} - ic\hbar\left(\frac{\partial}{\partial x_1} + i\frac{\partial}{\partial x_2}\right)\Psi_3, \tag{4.35}$$

$$i\hbar\frac{\partial \Psi_3}{\partial t} = -mc^2\Psi_3 - ic\hbar\frac{\partial \Psi_1}{\partial x_3} - ic\hbar\left(\frac{\partial}{\partial x_1} - i\frac{\partial}{\partial x_2}\right)\Psi_2, \tag{4.36}$$

$$i\hbar\frac{\partial \Psi_4}{\partial t} = -mc^2\Psi_4 + ic\hbar\frac{\partial \Psi_2}{\partial x_3} - ic\hbar\left(\frac{\partial}{\partial x_1} + i\frac{\partial}{\partial x_2}\right)\Psi_1. \tag{4.37}$$

ここで，簡単のために $\Psi_j(\boldsymbol{x},t) = \Psi_j, j = 1,2,3,4$ と略記した．連立方程式 (4.34)-(4.37) の解が電子の相対論的な量子状態を表す．次項で述べるように，この 4 つの成分のうち，2 成分がスピン自由度に関連する組に対応する．ディラック行列のうち $\hat{\alpha}_1, \hat{\alpha}_2, \hat{\alpha}_3$ の部分行列として，パウリのスピン行列

$\hat{\sigma}_x, \hat{\sigma}_y, \hat{\sigma}_z$ が埋め込まれていることがわかる．残りの解の組は何を意味するのかを考えるために，3次元運動量がゼロという特殊な場合を考える．すると，$\Psi_1, \Psi_2$ の組と $\Psi_3, \Psi_4$ の組が，それぞれエネルギー固有値 $mc^2, -mc^2$ の解に対応する．特に，エネルギー固有値 $-mc^2$ の解は，その後，ディラックにより真空が負エネルギー電子の海であると解釈しなされ，そこからの「空孔」的な量子的粒子として陽電子（positron）の予言につながった．

## スピン演算子

まず，ディラック・ハミルトニアン $\hat{H}_{\text{Dirac}}$ と軌道角運動量演算子 $\hat{\boldsymbol{\ell}}$ との交換関係を計算して，$\hat{H}_{\text{Dirac}}$ に対して，$\hat{\boldsymbol{\ell}}$ が保存量になっているかどうかをみる．結果は，$\hat{H}_{\text{Dirac}}$ と $\hat{\boldsymbol{\ell}}$ は交換しない．すなわち，$[\hat{H}_{\text{Dirac}}, \hat{\boldsymbol{\ell}}] \neq 0$．次に，以下のように，パウリ行列 $\hat{\boldsymbol{\sigma}} = (\hat{\sigma}_x, \hat{\sigma}_y, \hat{\sigma}_z)$ を用いて拡張されたスピン行列 $\hat{\boldsymbol{\Sigma}} = (\hat{\Sigma}_x, \hat{\Sigma}_y, \hat{\Sigma}_z)$ を導入する．

$$\hat{\boldsymbol{\Sigma}} \equiv \begin{pmatrix} \hat{\boldsymbol{\sigma}} & \mathbf{0} \\ \mathbf{0} & \hat{\boldsymbol{\sigma}} \end{pmatrix}. \tag{4.38}$$

ここで，$\mathbf{0}$ は成分がすべてゼロの $(2 \times 2)$ 行列である．$\hat{H}_{\text{Dirac}}$ と $\hat{\boldsymbol{\Sigma}}$ との交換関係を計算すると，結果は $[\hat{H}_{\text{Dirac}}, \hat{\boldsymbol{\Sigma}}] \neq 0$ となり，交換しない．しかし，スピン角運動量演算子を $\hat{\boldsymbol{s}} \equiv \hbar \hat{\boldsymbol{\sigma}}/2$ で定義し，軌道角運動量演算子とスピン角運動量演算子の合成としての，全角運動量演算子 $\hat{\boldsymbol{j}} = \hat{\boldsymbol{\ell}} + \hat{\boldsymbol{s}}$ を導入すると

$$[\hat{H}_{\text{Dirac}}, \hat{\boldsymbol{j}}] = 0 \tag{4.39}$$

である．すなわち，$\hat{H}_{\text{Dirac}}$ に対して，軌道角運動量はよい量子数ではなく，保存量でもないが，全角運動量はよい量子数で，保存量である．

## 例題 14 パウリ行列の性質

パウリ行列について，次の関係式を証明せよ．

$$\hat{\sigma}_j^2 = \hat{1}^{(2)}, \ (j = x, y, z), \tag{4.40}$$

$$\hat{\sigma}_x \hat{\sigma}_y + \hat{\sigma}_y \hat{\sigma}_x = 0, \tag{4.41}$$

$$\hat{\sigma}_x \hat{\sigma}_y - \hat{\sigma}_y \hat{\sigma}_x = 2\mathrm{i} \hat{\sigma}_z. \tag{4.42}$$

ただし，$\hat{1}^{(2)}$ は 2 次元の単位行列である．

### 考え方

行列の積の公式を用いる．2 つの行列の積は一般には可換ではないことに注意すること．

### 解答

最初に，式 (4.40) を証明する．

$$\hat{\sigma}_x^2 = \begin{pmatrix} 0 & 1 \\ 1 & 0 \end{pmatrix} \begin{pmatrix} 0 & 1 \\ 1 & 0 \end{pmatrix} = \begin{pmatrix} 1 & 0 \\ 0 & 1 \end{pmatrix} = \hat{1}^{(2)},$$

$$\hat{\sigma}_y^2 = \begin{pmatrix} 0 & -\mathrm{i} \\ \mathrm{i} & 0 \end{pmatrix} \begin{pmatrix} 0 & -\mathrm{i} \\ \mathrm{i} & 0 \end{pmatrix} = \begin{pmatrix} 1 & 0 \\ 0 & 1 \end{pmatrix}$$
$$= \hat{1}^{(2)},$$

$$\hat{\sigma}_z^2 = \begin{pmatrix} 1 & 0 \\ 0 & -1 \end{pmatrix} \begin{pmatrix} 1 & 0 \\ 0 & -1 \end{pmatrix} = \begin{pmatrix} 1 & 0 \\ 0 & 1 \end{pmatrix}$$
$$= \hat{1}^{(2)}.$$

次に，式 (4.41) と式 (4.42) を証明するために，まず，2 つの行列の順序が異なる積を計算する．

### ワンポイント解説

$$\hat{\sigma}_x\hat{\sigma}_y = \begin{pmatrix} 0 & 1 \\ 1 & 0 \end{pmatrix} \begin{pmatrix} 0 & -\mathrm{i} \\ \mathrm{i} & 0 \end{pmatrix} = \begin{pmatrix} \mathrm{i} & 0 \\ 0 & -\mathrm{i} \end{pmatrix},$$

$$\hat{\sigma}_y\hat{\sigma}_x = \begin{pmatrix} 0 & -\mathrm{i} \\ \mathrm{i} & 0 \end{pmatrix} \begin{pmatrix} 0 & 1 \\ 1 & 0 \end{pmatrix} = \begin{pmatrix} -\mathrm{i} & 0 \\ 0 & \mathrm{i} \end{pmatrix}.$$

以上の結果を用いて，パウリ行列の間の反交換関係 (4.41) と交換関係 (4.42) を証明する．

$$\hat{\sigma}_x\hat{\sigma}_y + \hat{\sigma}_y\hat{\sigma}_x = \begin{pmatrix} 0 & 0 \\ 0 & 0 \end{pmatrix} = 0,$$

$$\hat{\sigma}_x\hat{\sigma}_y - \hat{\sigma}_y\hat{\sigma}_x = 2\mathrm{i} \begin{pmatrix} 1 & 0 \\ 0 & -1 \end{pmatrix} = 2\mathrm{i}\hat{\sigma}_z.$$

### 例題 14 の発展問題

**14-1.** 次の関係式を証明せよ．

$$\hat{\sigma}_x\hat{\sigma}_y = \mathrm{i}\hat{\sigma}_z, \ \hat{\sigma}_y\hat{\sigma}_z = \mathrm{i}\hat{\sigma}_x, \ \hat{\sigma}_z\hat{\sigma}_x = \mathrm{i}\hat{\sigma}_y. \tag{4.43}$$

---

**コラム**

プランク定数 $h$，またはディラック定数 $\hbar$ を除いた演算子，その固有ベクトルは量子力学（量子物理学）においては，単なる記号にすぎないという印象を与えるかもしれない．しかし，近年，量子力学の応用は量子情報科学（量子計算，量子暗号など）にまでひろがりつつある．この新しい，または本来扱うべき対象かもしれない領域にはパウリ行列やその固有ベクトルは非常に重要な役割を果たす．

## 例題 15　スピンの大きさ

前問と同じく，スピン演算子の2乗演算子を次のように表したとき，スピンの大きさ $s$ の値はどうなるかを求めよ．

$$\hat{\boldsymbol{s}}^2 = \hbar^2 s(s+1) \begin{pmatrix} 1 & 0 \\ 0 & 1 \end{pmatrix}. \tag{4.44}$$

### 考え方

スピン演算子に対する行列表現を用いる．

### 解答

$$\begin{aligned}\hat{\boldsymbol{s}}^2 &= \frac{\hbar^2}{4}\begin{pmatrix} 0 & 1 \\ 1 & 0 \end{pmatrix}\begin{pmatrix} 0 & 1 \\ 1 & 0 \end{pmatrix} \\ &+ \frac{\hbar^2}{4}\begin{pmatrix} 0 & -i \\ i & 0 \end{pmatrix}\begin{pmatrix} 0 & -i \\ i & 0 \end{pmatrix} \\ &+ \frac{\hbar^2}{4}\begin{pmatrix} 1 & 0 \\ 0 & -1 \end{pmatrix}\begin{pmatrix} 1 & 0 \\ 0 & -1 \end{pmatrix} \\ &= \frac{3\hbar^2}{4}\begin{pmatrix} 1 & 0 \\ 0 & 1 \end{pmatrix}\end{aligned}$$

となるので

$$\left(s - \frac{1}{2}\right)\left(s + \frac{3}{2}\right) = 0. \tag{4.45}$$

よって，$s = 1/2$ が得られる．

### ワンポイント解説

$s \geq 0$ であるから，$s = -3/2$ は不適である．

## 例題 15 の発展問題

**15-1.** パウリ行列に類似の 8 つの $(3 \times 3)$ 型のゲルマン行列（Gell-Mann 行列）は次のように定義されるが，素粒子物理学のクォーク模型の確立に重要な役割を果たした．

$$\hat{\lambda}_1 \equiv \begin{pmatrix} 0 & 1 & 0 \\ 1 & 0 & 0 \\ 0 & 0 & 0 \end{pmatrix}, \hat{\lambda}_2 \equiv \begin{pmatrix} 0 & -i & 0 \\ i & 0 & 0 \\ 0 & 0 & 0 \end{pmatrix}, \hat{\lambda}_3 \equiv \begin{pmatrix} 1 & 0 & 0 \\ 0 & -1 & 0 \\ 0 & 0 & 0 \end{pmatrix},$$

$$\hat{\lambda}_4 \equiv \begin{pmatrix} 0 & 0 & 1 \\ 0 & 0 & 0 \\ 1 & 0 & 0 \end{pmatrix}, \hat{\lambda}_5 \equiv \begin{pmatrix} 0 & 0 & -i \\ 0 & 0 & 0 \\ i & 0 & 0 \end{pmatrix}, \hat{\lambda}_6 \equiv \begin{pmatrix} 0 & 0 & 0 \\ 0 & 0 & 1 \\ 0 & 1 & 0 \end{pmatrix},$$

$$\hat{\lambda}_7 \equiv \begin{pmatrix} 0 & 0 & 0 \\ 0 & 0 & -i \\ 0 & i & 0 \end{pmatrix}, \hat{\lambda}_8 \equiv \frac{1}{\sqrt{3}} \begin{pmatrix} 1 & 0 & 0 \\ 0 & 1 & 0 \\ 0 & 0 & -2 \end{pmatrix}. \tag{4.46}$$

ここで，$\hat{C} \equiv \sum_{j=1}^{8} \hat{\lambda}_j^2$ を計算せよ．

―― コラム ――――――――――――――――――――――

**半整数のスピンと整数のスピン-フェルミオンとボソン-**

　本書では電子のように, スピンの大きさが, $\hbar$ の単位で, $1/2$ の場合だけを説明した. しかし, 量子力学の上位理論である場の量子論（場の量子力学）によれば, ミクロの粒子は自己同一性をもたないこと, すなわち, 同種粒子は区別がつかないことが示される. その性質により, さらに, スピンの大きさは $s = 1/2, 3/2, \ldots$ のように半整数の値をもつ量子的粒子と, ゼロを含む整数の値 $s = 0, 1, 2, \ldots$ をもつ量子的粒子が存在し, それぞれフェルミ粒子（フェルミオン）およびボース粒子（ボソン）とよばれ, それぞれ対応する量子統計に従うことが導かれる. たとえば, 電子, 陽子, 中性子などは $s = 1/2$ のフェルミオンであり, フェルミ・ディラック統計に従い, パイ中間子は $s = 0$, 光子は $s = 1$ をもつボース粒子で, ボーズ・アインシュタイン統計に従う. フェルミオンは自然の骨格を作り, ボソンは量子的粒子間の相互作用を媒介する役割をもつ. ミクロの粒子の量子統計性は理論が相対性理論と矛盾しないという条件からきれいに導かれる (R.F. Streater, A.S. Wightman, *PCT, Spin and Statics, and All That*, chap.4, Some General Theorems of Relativistic Quantum Filed Theory, Princeton University Press (2000). 参照). 場の量子論から導かれることは, 光速に比べてずっと遅い粒子を扱っている場合には, 天下りに受け入れればよい. しかし, たとえば, 電子がフェルミ・ディラック統計に従うことは非常に重要である. これにより, 原子中の電子は, 1つの量子状態には高々1個しか占有できないというパウリの排他原理が成立し, 原子のいろいろな性質や元素の周期律が導かれるからである.

### 例題 16　パウリ行列の交換関係と反交換関係

パウリ行列の間に次の式が成立することを示せ.

$$[\hat{\sigma}_j, \hat{\sigma}_k] = 2\mathrm{i}\sum_{\ell=1}^{3} \varepsilon_{jk\ell}\hat{\sigma}_\ell, \quad \{\hat{\sigma}_j, \hat{\sigma}_k\} = 2\delta_{jk}\hat{1}^{(2)}, \quad \{j, k, \ell\} = 1, 2, 3. \quad (4.47)$$

ただし, $\hat{\sigma}_x = \hat{\sigma}_1, \hat{\sigma}_y = \hat{\sigma}_2, \hat{\sigma}_z = \hat{\sigma}_3$ と添え字を付け替え, $\varepsilon_{jk\ell}, \hat{1}^{(2)}$ はそれぞれ全反対称なクロネッカー記号, 2次元の単位行列である.

### 考え方

ここで, $(2 \times 2)$ 行列の積の順を逆にしたら, 同じ行列にならないことに注意すること.

### 解答

例題 14 で行ったように

$$[\hat{\sigma}_1, \hat{\sigma}_2] = 2\mathrm{i}\begin{pmatrix} 1 & 0 \\ 0 & -1 \end{pmatrix} = 2\mathrm{i}\hat{\sigma}_3. \quad (4.48)$$

同様にして, $[\hat{\sigma}_2, \hat{\sigma}_3] = \mathrm{i}\hat{\sigma}_1, [\hat{\sigma}_3, \hat{\sigma}_1] = \mathrm{i}\hat{\sigma}_2$ が求まる. さらに, $[\hat{\sigma}_k, \hat{\sigma}_j] = -[\hat{\sigma}_j, \hat{\sigma}_k]$ であるから, まとめると $[\hat{\sigma}_j, \hat{\sigma}_k] = 2\mathrm{i}\sum_{\ell=1}^{3}\varepsilon_{jk\ell}\hat{\sigma}_\ell$ と書ける.

次に

$$\{\hat{\sigma}_1, \hat{\sigma}_2\} = \hat{\sigma}_1\hat{\sigma}_2 + \hat{\sigma}_2\hat{\sigma}_1 = 0 \quad (4.49)$$

である. 同様に, $\{\hat{\sigma}_2, \hat{\sigma}_3\} = 0, \{\hat{\sigma}_3, \hat{\sigma}_1\} = 0$ である. また $\hat{\sigma}_j^2 = \hat{1}^{(2)}$ であるから, まとめると $\{\hat{\sigma}_j, \hat{\sigma}_k\} = 2\delta_{jk}\hat{1}^{(2)}$ と書ける.

### ワンポイント解説

## 例題 16 の発展問題

**16-1.** ゲルマン行列の交換関係

$$[\hat{\lambda}_j, \hat{\lambda}_k] = 2\mathrm{i} \sum_{\ell=1}^{8} f_{jk\ell}\, \hat{\lambda}_\ell, \{j,k,\ell\} = 1, 2, \cdots, 8. \qquad (4.50)$$

を証明せよ．ただし，添え字の置換に反対称な記号 $f_{jk\ell}$ の値は

$$f_{123} = 1,\ f_{147} = f_{165} = f_{246} = f_{257} = f_{345} = f_{376} = 1/2, \qquad (4.51)$$

$$f_{458} = f_{678} = \sqrt{3}/2 \qquad (4.52)$$

と与えられ，これ以外の値はゼロである．

---
**コラム**

　ゲルマン行列は素粒子論，特にクォーク模型の確立に重要な役割を果たした．たとえば，益川敏英「いま，もうひとつの素粒子論入門」丸善 (1998)，11 章を参照．u-, d-, s-クォークの電荷は e を単位として，それぞれ 2/3, −1/3, −1/3 である．ゲルマン行列を用いて

$$\frac{1}{2}\hat{\lambda}_2 + \frac{1}{2\sqrt{3}}\hat{\lambda}_8 = \begin{pmatrix} 2/3 & 0 & 0 \\ 0 & -1/3 & 0 \\ 0 & 0 & -1/3 \end{pmatrix}$$

を作ると，クォークの電荷に対応した対角行列要素をもつ行列が得られる．また，2 準位原子と光子の結合系についてジェインズ-カミングス模型があるが，その単純さにも関わらず多くの量子現象の理解に重要な役割を果たしている（上田正仁「現代量子物理学」培風館 (2007) の 5 章などを参照）．スピン系が 2 準位系と等価であることと対応して，この模型を 3 準位原子に拡張する場合，ゲルマン行列が使われている研究もあり，量子ゼノン効果など多くの量子現象の理解に役立ってる．

## 例題 17 パウリ行列，その固有ベクトルへの演算

次の関係式を確かめよ．

1. $\hat{\sigma}_z|\alpha\rangle = |\alpha\rangle$, $\hat{\sigma}_z|\beta\rangle = -|\beta\rangle$,
2. $\hat{\sigma}_+|\alpha\rangle = 0$, $\hat{\sigma}_+|\beta\rangle = |\alpha\rangle$,
3. $\hat{\sigma}_-|\alpha\rangle = |\beta\rangle$, $\hat{\sigma}_-|\beta\rangle = 0$.

## 考え方

パウリ行列の定義を用いて，2成分の列ベクトルで表す．2種類の昇降演算子 $\hat{s}_\pm, \hat{\sigma}_\pm$ の定義の違いに注意すること．

## ‖解答‖

1. 題意より

$$\hat{\sigma}_z|\alpha\rangle = \begin{pmatrix} 1 & 0 \\ 0 & -1 \end{pmatrix} \begin{pmatrix} 1 \\ 0 \end{pmatrix} = \begin{pmatrix} 1 \\ 0 \end{pmatrix} = |\alpha\rangle, \tag{4.53}$$

$$\hat{\sigma}_z|\beta\rangle = \begin{pmatrix} 1 & 0 \\ 0 & -1 \end{pmatrix} \begin{pmatrix} 0 \\ 1 \end{pmatrix} = -\begin{pmatrix} 0 \\ 1 \end{pmatrix} = -|\beta\rangle. \tag{4.54}$$

2. まず，$\hat{\sigma}_\pm$ の行列表現を求める．

$$\hat{\sigma}_+ = \frac{1}{2}\left\{\begin{pmatrix} 0 & 1 \\ 1 & 0 \end{pmatrix} + i\begin{pmatrix} 0 & -i \\ i & 0 \end{pmatrix}\right\}$$

$$= \begin{pmatrix} 0 & 1 \\ 0 & 0 \end{pmatrix} \tag{4.55}$$

同様に

$$\hat{\sigma}_- = \begin{pmatrix} 0 & 0 \\ 1 & 0 \end{pmatrix}. \tag{4.56}$$

### ワンポイント解説

題意より

$$\hat{\sigma}_+|\alpha\rangle = \begin{pmatrix} 0 & 1 \\ 0 & 0 \end{pmatrix} \begin{pmatrix} 1 \\ 0 \end{pmatrix} = 0, \qquad (4.57)$$

$$\hat{\sigma}_+|\beta\rangle = \begin{pmatrix} 0 & 1 \\ 0 & 0 \end{pmatrix} \begin{pmatrix} 0 \\ 1 \end{pmatrix} = \begin{pmatrix} 1 \\ 0 \end{pmatrix} = |\alpha\rangle. \qquad (4.58)$$

3. 同様にして

$$\hat{\sigma}_-|\alpha\rangle = \begin{pmatrix} 0 & 0 \\ 1 & 0 \end{pmatrix} \begin{pmatrix} 1 \\ 0 \end{pmatrix} = \begin{pmatrix} 0 \\ 1 \end{pmatrix} = |\beta\rangle, \qquad (4.59)$$

$$\hat{\sigma}_-|\beta\rangle = \begin{pmatrix} 0 & 0 \\ 1 & 0 \end{pmatrix} \begin{pmatrix} 0 \\ 1 \end{pmatrix} = 0. \qquad (4.60)$$

## 例題 17 の発展問題

**17-1.** $\hat{\sigma}_x|\alpha\rangle, \hat{\sigma}_x|\beta\rangle, \hat{\sigma}_y|\alpha\rangle, \hat{\sigma}_y|\beta\rangle$ を計算せよ．

### 例題 18　パウリ行列と 2 つの交換するベクトルについての公式

次の関係式が成立することを証明せよ．

(1) $(\hat{\boldsymbol{\sigma}} \cdot \boldsymbol{A})(\hat{\boldsymbol{\sigma}} \cdot \boldsymbol{B}) = \boldsymbol{A} \cdot \boldsymbol{B} \hat{1}^{(2)} + \mathrm{i}\hat{\boldsymbol{\sigma}} \cdot (\boldsymbol{A} \times \boldsymbol{B})$ 　　(4.61)

(2) $\hat{\boldsymbol{\sigma}} \times \hat{\boldsymbol{\sigma}} = 2\mathrm{i}\hat{\boldsymbol{\sigma}}$ 　　(4.62)

(3) $(\hat{\boldsymbol{\sigma}}_1 \cdot \hat{\boldsymbol{\sigma}}_2)^2 = 3\hat{1}^{(2)} - 2(\hat{\boldsymbol{\sigma}}_1 \cdot \hat{\boldsymbol{\sigma}}_2)$ 　　(4.63)

ただし，$\hat{1}^{(2)}$ は 2 次元の単位行列であり，$\hat{\boldsymbol{\sigma}}_1$ と $\hat{\boldsymbol{\sigma}}_2$ は，それぞれ粒子 1 と 2 のスピンに関係するパウリ行列である．

### 考え方

ベクトルの内積，外積の定義を用いる．その際，演算子または行列の場合，一般には非可換であることに注意する．

### ‖解答‖

(1) まず，ベクトルの内積の定義より

$$(\hat{\boldsymbol{\sigma}} \cdot \boldsymbol{A}) = \hat{\sigma}_x A_x + \hat{\sigma}_y A_y + \hat{\sigma}_z A_z \quad (4.64)$$

を用いて

$(\hat{\boldsymbol{\sigma}} \cdot \boldsymbol{A})(\hat{\boldsymbol{\sigma}} \cdot \boldsymbol{B})$

$= (\hat{\sigma}_x A_x + \hat{\sigma}_y A_y + \hat{\sigma}_z A_z)(\hat{\sigma}_x B_x + \hat{\sigma}_y B_y + \hat{\sigma}_z B_z)$

$= \hat{\sigma}_x^2 A_x B_x + \hat{\sigma}_x \hat{\sigma}_y A_x B_y + \hat{\sigma}_x \hat{\sigma}_z A_x B_z$
$\quad + \hat{\sigma}_y \hat{\sigma}_x A_y B_x + \hat{\sigma}_y^2 A_y B_y + \hat{\sigma}_y \hat{\sigma}_z A_y B_z$
$\quad + \hat{\sigma}_z \hat{\sigma}_x A_z B_x + \hat{\sigma}_z \hat{\sigma}_y A_z B_y + \hat{\sigma}_z^2 A_z B_z$

$= (A_x B_x + A_y B_y + A_z B_z)\hat{1}^{(2)}$
$\quad + \mathrm{i}\hat{\sigma}_x(A_y B_z - A_z B_y) + \mathrm{i}\hat{\sigma}_y(A_z B_x - A_x B_z)$
$\quad + \mathrm{i}\hat{\sigma}_z(A_x B_y - A_y B_x)$

$= \boldsymbol{A} \cdot \boldsymbol{B} \hat{1}^{(2)} + \mathrm{i}\hat{\boldsymbol{\sigma}} \cdot (\boldsymbol{A} \times \boldsymbol{B}).$ 　　(4.65)

よって証明された．

**ワンポイント解説**

(2) $x$ 成分の証明を行う.

$$(\hat{\boldsymbol{\sigma}} \times \hat{\boldsymbol{\sigma}})_x = \hat{\sigma}_y \hat{\sigma}_z - \hat{\sigma}_z \hat{\sigma}_y$$
$$= 2\mathrm{i}\hat{\sigma}_x. \tag{4.66}$$

$y, z$ 成分についても,パウリ行列間の交換関係を用いて証明できる.

(3) 演算子を成分とするベクトルの内積の定義より

$$\hat{\boldsymbol{\sigma}}_1 \cdot \hat{\boldsymbol{\sigma}}_2 = \hat{\sigma}_{1x}\hat{\sigma}_{2x} + \hat{\sigma}_{1y}\hat{\sigma}_{2y} + \hat{\sigma}_{1z}\hat{\sigma}_{2z}. \tag{4.67}$$

両辺を 2 乗して,$(\hat{\sigma}_{1x})^2 = \hat{1}^{(2)}, \hat{\sigma}_{1x}\hat{\sigma}_{1y} = -\hat{\sigma}_{1y}\hat{\sigma}_{1x} = \mathrm{i}\hat{\sigma}_{1z}$ など,パウリ行列の性質を使って式を変形すると

$$\begin{aligned}
(\hat{\boldsymbol{\sigma}}_1 \cdot \hat{\boldsymbol{\sigma}}_2)^2 &= (\hat{\sigma}_{1x}\hat{\sigma}_{2x})^2 + (\hat{\sigma}_{1y}\hat{\sigma}_{2y})^2 + (\hat{\sigma}_{1z}\hat{\sigma}_{2z})^2 \\
&\quad + (\hat{\sigma}_{1x}\hat{\sigma}_{2x}\hat{\sigma}_{1y}\hat{\sigma}_{2y} + \hat{\sigma}_{1y}\hat{\sigma}_{2y}\hat{\sigma}_{1x}\hat{\sigma}_{2x}) \\
&\quad + (\hat{\sigma}_{1y}\hat{\sigma}_{2y}\hat{\sigma}_{1z}\hat{\sigma}_{2z} + \hat{\sigma}_{1z}\hat{\sigma}_{2z}\hat{\sigma}_{1y}\hat{\sigma}_{2y}) \\
&\quad + (\hat{\sigma}_{1z}\hat{\sigma}_{2z}\hat{\sigma}_{1x}\hat{\sigma}_{2x} + \hat{\sigma}_{1x}\hat{\sigma}_{2x}\hat{\sigma}_{1z}\hat{\sigma}_{2z}) \\
&= 3\hat{1}^{(2)} - 2(\hat{\sigma}_{1x}\hat{\sigma}_{2x} + \hat{\sigma}_{1y}\hat{\sigma}_{2y} + \hat{\sigma}_{1z}\hat{\sigma}_{2z}) \\
&= 3\hat{1}^{(2)} - 2\hat{\boldsymbol{\sigma}}_1 \cdot \hat{\boldsymbol{\sigma}}_2 \tag{4.68}
\end{aligned}$$

のように証明される.

## 例題 18 の発展問題

**18-1.** 原子核を結合している核力には，中心力成分だけではなく，テンソル力など非中心力成分も含まれていて，原子核の基本的性質に重要な役割を果たしている．テンソル力成分は次式で表されるテンソル演算子に比例している．

$$S_{12} \equiv 3\frac{(\hat{\boldsymbol{\sigma}}_1 \cdot \boldsymbol{r})(\hat{\boldsymbol{\sigma}}_2 \cdot \boldsymbol{r})}{r^2} - (\hat{\boldsymbol{\sigma}}_1 \cdot \hat{\boldsymbol{\sigma}}_2) \tag{4.69}$$

ここで，$\boldsymbol{r}$ は 2 核子間の相対位置ベクトルであり，$r = |\boldsymbol{r}|$ である（参考：スピン演算子の部分を磁気双極子に置換すると磁気双極子間の相互作用ポテンシャルの重要な項がテンソル力と類似の表現になる）．核子 1 と核子 2 の上向き，下向きスピン固有状態をそれぞれ，$|\alpha_1\rangle, |\beta_1\rangle, |\alpha_2\rangle, |\beta_2\rangle$ とする．角運動量の合成（結合）の章で詳しくは説明するが，2 核子の合成スピン状態は 4 つ存在し，そのうち合成スピンがゼロの固有状態は状態 $[|\alpha_1\rangle|\beta_2\rangle - |\beta_1\rangle|\alpha_2\rangle]$ に比例する．この状態に対する演算子 $S_{12}$ の固有値がゼロであること，すなわち，合成スピンがゼロの状態にはテンソル力は作用しないことを示せ．

### 例題 19　スピン回転の演算子

次の関係式を証明せよ．

$$e^{-i\theta\hat{s}_j/\hbar} = e^{-i(\theta/2)\hat{\sigma}_j} = \cos\left(\frac{\theta}{2}\right)\cdot\hat{1}^{(2)} - i\sin\left(\frac{\theta}{2}\right)\cdot\hat{\sigma}_j, \ (j=x,y,z).$$

ただし，$\theta$ は実数とする．

### 考え方

まず，行列の指数関数のテイラー展開公式を用いる．パウリ行列の 2 乗が $(2\times 2)$ の単位行列 $\hat{1}^{(2)}$ になるので，テイラー展開において，パウリ行列の偶数べきの項と奇数べきの項をそれぞれまとめる．最後に，$\cos\theta/2, \sin\theta/2$ のテイラー展開公式を用いる．

### ‖解答‖

$$\begin{aligned}
e^{-i(\theta/2)\hat{\sigma}_j} &= \sum_{n=0}^{\infty}\frac{1}{n!}\left(-i\frac{\theta}{2}\hat{\sigma}_j\right)^n \\
&= (\hat{\sigma}_j)^0 - \frac{1}{2!}\left(\frac{\theta}{2}\right)^2(\hat{\sigma}_j)^2 \pm \cdots \\
&\quad -i\left[\frac{\theta}{2}(\hat{\sigma}_j)^1 - \frac{1}{3!}\left(\frac{\theta}{2}\right)^3(\hat{\sigma}_j)^3 \pm \cdots\right] \\
&= \left[1 - \frac{1}{2!}\left(\frac{\theta}{2}\right)^2 \pm \cdots\right]\hat{1}^{(2)} \\
&\quad -i\left[\left(\frac{\theta}{2}\right) - \frac{1}{3!}\left(\frac{\theta}{2}\right)^3 \pm \cdots\right]\hat{\sigma}_j \\
&= \cos\left(\frac{\theta}{2}\right)\cdot\hat{1}^{(2)} - i\sin\left(\frac{\theta}{2}\right)\cdot\hat{\sigma}_j. \quad (4.70)
\end{aligned}$$

### ワンポイント解説

・行列のゼロ乗は単位行列である．

### 例題 19 の発展問題

**19-1.** スピンの状態ベクトルを $|\chi\rangle$ とする．$j$ 軸の周りに角度 $\theta$ だけ回転させたスピンの状態ベクトルは，軌道角運動量による回転と類似で，$e^{-i\theta\hat{s}_j/\hbar}|\chi\rangle$ である．$\theta = 2\pi$ のときには，回転されたスピン状態ベクトル $|\chi\rangle$ は元に戻るか，どうか調べ，その意味を述べよ．

### 例題 20 (2 × 2) 行列の完全性

任意の $(2 \times 2)$ 行列は，2次元の単位行列 $\hat{1}^{(2)}$ とパウリ行列 $\hat{\sigma}_x, \hat{\sigma}_y, \hat{\sigma}_z$ の一次結合で表されることを示せ．

### 考え方

任意の $(2 \times 2)$ 行列は 4 つの行列要素をもつ．4 つの行列要素の 1 つだけ 1 で，残りの行列要素がゼロである $(2 \times 2)$ 行列を単位行列とパウリ行列を用いて表す．

### ‖解答‖

任意の $(2 \times 2)$ 行列の行列要素を $a, b, c, d$ とすると

$$\begin{pmatrix} a & b \\ c & d \end{pmatrix} = a \begin{pmatrix} 1 & 0 \\ 0 & 0 \end{pmatrix} + b \begin{pmatrix} 0 & 1 \\ 0 & 0 \end{pmatrix} + c \begin{pmatrix} 0 & 0 \\ 1 & 0 \end{pmatrix} + d \begin{pmatrix} 0 & 0 \\ 0 & 1 \end{pmatrix} \quad (4.71)$$

と表される．さらに

$$\begin{pmatrix} 1 & 0 \\ 0 & 0 \end{pmatrix} = \frac{1}{2}(\hat{1}^{(2)} + \hat{\sigma}_z), \quad (4.72)$$

$$\begin{pmatrix} 0 & 1 \\ 0 & 0 \end{pmatrix} = \frac{1}{2}(\hat{\sigma}_x + i\hat{\sigma}_y), \quad (4.73)$$

$$\begin{pmatrix} 0 & 0 \\ 1 & 0 \end{pmatrix} = \frac{1}{2}(\hat{\sigma}_x - i\hat{\sigma}_y), \quad (4.74)$$

$$\begin{pmatrix} 0 & 0 \\ 0 & 1 \end{pmatrix} = \frac{1}{2}(\hat{1}^{(2)} - \hat{\sigma}_z) \quad (4.75)$$

と書ける．したがって，$(2 \times 2)$ の任意の行列は

### ワンポイント解説

$$\begin{pmatrix} a & b \\ c & d \end{pmatrix} = a\frac{1}{2}(\hat{1}^{(2)} + \hat{\sigma}_z) + b\frac{1}{2}(\hat{\sigma}_x + \mathrm{i}\hat{\sigma}_y)$$
$$+ c\frac{1}{2}(\hat{\sigma}_x - \mathrm{i}\hat{\sigma}_y) + d\frac{1}{2}(\hat{1}^{(2)} - \hat{\sigma}_z)$$
$$= \frac{(a+d)}{2}\hat{1}^{(2)} + \frac{(b+c)}{2}\hat{\sigma}_x$$
$$+ \frac{\mathrm{i}(b-c)}{2}\hat{\sigma}_y + \frac{(a-d)}{2}\hat{\sigma}_z. \quad (4.76)$$

となり，単位行列と3つのパウリ行列による一次結合として表された．

### 例題 20 の発展問題

**20-1.** スピンの固有状態 $|\alpha\rangle, |\beta\rangle$ が完全性を満たすことを示せ．

**20-2.** 光子と2準位原子の結合系を，2準位原子を対象系として注目すると，開放量子系とみなせる．その場合の量子状態は一般に密度演算子（または密度行列）$\hat{\rho}$ により表現され，2準位原子系の場合には $(2 \times 2)$ 行列となる．この $\hat{\rho}$ を，次のように展開する場合

$$\hat{\rho} = \frac{1}{2}(\hat{1}^{(2)} + \boldsymbol{a} \cdot \hat{\boldsymbol{\sigma}}) \quad (4.77)$$

因子 $1/2$ は $\mathrm{Tr}\hat{\rho} = 1$ となるように選ばれる．$\boldsymbol{a}$ はブロッホ・ベクトル (Bloch vector) とよばれ，$\hat{\rho}^\dagger = \hat{\rho}$ となるように，実数に選ばれる．

(a) $\langle \hat{\boldsymbol{\sigma}} \rangle \equiv \mathrm{Tr}(\hat{\rho}\hat{\boldsymbol{\sigma}}) = \boldsymbol{a}$ であるので，$\boldsymbol{a}$ は量子状態の偏極ベクトルともいわれる．この式が成り立つことを示せ．

(b) $\hat{\rho}$ の固有値が正値であるという条件をつけると，$0 \leq |\boldsymbol{a}| \leq 1$ となることを示せ．

(c) $\boldsymbol{a} = 1$ の場合，$\hat{\rho}$ の固有値を求めよ．（この場合，量子状態は単一の状態ベクトルで表わされ，純粋状態といわれる．それ以外の場合，量子状態は複数の状態ベクトルの集合で表わされる密度演算子により記述される混合状態となる．）

(d) $\boldsymbol{a} = 0$ の場合，$\hat{\rho}$ の固有値を求めよ．

― コラム ―

ブロッホ・ベクトル

普通の量子力学は閉じた系に対するもので，その量子状態はヒルベルト空間という抽象的な空間のベクトルで記述され，その時間発展がシュレディンガー方程式で決定される．閉じた系であることを明示的に述べてある書籍は少ない（清水明，『新版　量子論の基礎』，サイエンス社 (2004)．特に，3章参照）．光子は偏光という自由度が2つあり，2準位原子系と類似した記述が可能であるため，ブロッホ・ベクトルに対応して，ポアンカレベクトル（Poincaré vector）とよばれる．これらのベクトルは量子光学，量子情報科学において重要な役割を果たしている（M. A. Nielsen and I. L. Chuang 著，木村達也 訳，『量子コンピュータと量子通信』，オーム社 (2006)．1巻参照）．

### 例題 21　スピンの空間的回転

任意の方向 $(\theta,\phi)$ を向いたスピンの演算子とその量子状態を考える．ただし，$\theta$ は位置ベクトルが $z$ 軸となす角度，$\phi$ は位置ベクトルの $xy$ 面への正射影が $x$ 軸となす角度である．

1. スピン演算子 $\hat{\boldsymbol{s}}$ と方向 $(\theta,\phi)$ を向いた単位ベクトルとの内積をとり，その方向に向いたスピン演算子 $\hat{\boldsymbol{s}}_{\theta,\phi}$ の行列表現を求めよ．
2. 演算子 $\hat{\boldsymbol{s}}_{\theta,\phi}$ の固有値が，演算子 $\hat{s}_z$ のそれらと同じく，$\pm\hbar/2$ であることを示せ．
3. $\hat{\boldsymbol{s}}_{\theta,\phi}$ の固有状態 $|s_\pm(\theta,\phi)\rangle$ は，スピン演算子の $z$ 成分 $\hat{s}_z$ の固有状態 $|\alpha\rangle, |\beta\rangle$ を基底として

$$|s_+(\theta,\phi)\rangle = x\cos(\theta/2)\mathrm{e}^{-\mathrm{i}\phi}|\alpha\rangle + x\sin(\theta/2)|\beta\rangle, \tag{4.78}$$

$$|s_-(\theta,\phi)\rangle = -y\sin(\theta/2)\mathrm{e}^{-\mathrm{i}\phi}|\alpha\rangle + y\cos(\theta/2)|\beta\rangle \tag{4.79}$$

と表せることを示せ．ただし，$x,y$ は絶対値 1 の複素数である．

4. 固有スピンのように，2 成分をもつベクトルの空間回転を生成する行列 $\hat{U}_{\theta,\phi}$ が次のように表されることを示せ．

$$\hat{U}_{\theta,\phi} = \begin{pmatrix} \cos(\theta/2)\mathrm{e}^{-\mathrm{i}\phi/2} & -\sin(\theta/2)\mathrm{e}^{\mathrm{i}\phi/2} \\ \sin(\theta/2)\mathrm{e}^{-\mathrm{i}\phi/2} & \cos(\theta/2)\mathrm{e}^{\mathrm{i}\phi/2} \end{pmatrix} \tag{4.80}$$

### 考え方

まず，位置ベクトル $\boldsymbol{r}$ の成分を 3 次元系における極座標で表し，その大きさ $r$ を 1 とおいて，単位ベクトル $\boldsymbol{e}_{\theta,\phi}$ を求める．次に，$\boldsymbol{e}_{\theta,\phi}$ とスピン演算子ベクトル $\hat{\boldsymbol{\sigma}}$ の内積が表す演算子（行列）の固有値と固有ベクトルを求める．

### ‖解答‖

1. 方向 $(\theta,\phi)$ を向いた単位ベクトル $\boldsymbol{e}_{\theta,\phi}$ は

$$\boldsymbol{e}_{\theta,\phi} = (\sin\theta\cos\phi, \sin\theta\sin\phi, \cos\theta) \tag{4.81}$$

### ワンポイント解説

・$x = r\sin\theta\cos\phi,$
　$y = r\sin\theta\sin\phi,$
　$z = r\cos\theta.$

と表せるので，$\hat{\boldsymbol{\sigma}}$ との内積は

$$\hat{\boldsymbol{\sigma}}_{\theta,\phi} \equiv \boldsymbol{e}_{\theta,\phi} \cdot \hat{\boldsymbol{\sigma}}$$

$$= \sin\theta\cos\phi \begin{pmatrix} 0 & 1 \\ 1 & 0 \end{pmatrix} + \sin\theta\sin\phi$$

$$\times \begin{pmatrix} 0 & -\mathrm{i} \\ \mathrm{i} & 0 \end{pmatrix} + \cos\theta \begin{pmatrix} 1 & 0 \\ 0 & -1 \end{pmatrix} \quad (4.82)$$

となる．したがって

$$\hat{\boldsymbol{s}}_{\theta,\phi} = \frac{\hbar}{2} \begin{pmatrix} \cos\theta & \sin\theta\mathrm{e}^{-\mathrm{i}\phi} \\ \sin\theta\mathrm{e}^{\mathrm{i}\phi} & -\cos\theta \end{pmatrix} \quad (4.83)$$

と書ける．

2. この行列の固有方程式

$$\begin{pmatrix} \cos\theta & \sin\theta\mathrm{e}^{-\mathrm{i}\phi} \\ \sin\theta\mathrm{e}^{\mathrm{i}\phi} & -\cos\theta \end{pmatrix} \begin{pmatrix} a \\ b \end{pmatrix} = \varepsilon \begin{pmatrix} a \\ b \end{pmatrix}$$
$$(4.84)$$

を固有ベクトルの規格性

$$|a|^2 + |b|^2 = 1 \quad (4.85)$$

の条件のもとで，次のように連立一次方程式の形に書き直して解く．

$$\begin{cases} (\cos\theta - \varepsilon)a + \sin\theta\,\mathrm{e}^{-\mathrm{i}\phi}\,b = 0, \\ \sin\theta\mathrm{e}^{\mathrm{i}\phi}\,a - (\cos\theta + \varepsilon)\,b = 0. \end{cases} \quad (4.86)$$

$a = b = 0$ という自明な解以外の解をもつためには，係数行列の行列式がゼロでなければならない．

$$0 = \begin{vmatrix} \cos\theta - \varepsilon & \sin\theta\, e^{-i\phi} \\ \sin\theta\, e^{i\phi} & -\cos\theta - \varepsilon \end{vmatrix}$$

$$= (\varepsilon^2 - \cos^2\theta) - \sin^2\theta,$$

$$\varepsilon = \pm 1. \tag{4.87}$$

スピン演算子は $\hat{s} = (\hbar/2)\hat{\boldsymbol{\sigma}}$ を満たすので,固有値 $\varepsilon = \pm 1$ は,スピン演算子 $\hat{s}_{\theta,\phi}$ の固有値が $\pm\hbar/2$ であることを意味する.

3. 固有値 $\varepsilon = +1$ に属する固有ベクトルの成分 $a_+, b_+$ を求める.まず,連立方程式 (4.86) より

$$a_+ = \frac{\cos(\theta/2)}{\sin(\theta/2)} e^{-i\phi} b_+ \tag{4.88}$$

を規格化条件式 (4.85) に代入すると

$$1 = \left(\frac{\cos^2(\theta/2)}{\sin^2(\theta/2)} + 1\right) |b_+|^2 \tag{4.89}$$

となり,$x$ を絶対値 1 の複素数として

$$b_+ = x\sin(\theta/2) \tag{4.90}$$

と表せる.この結果を用いて

$$a_+ = x\cos(\theta/2)e^{-i\phi}. \tag{4.91}$$

が得られる.ゆえに,基底 $|\alpha\rangle, |\beta\rangle$ により,固有値 $\varepsilon = 1$ に属する固有ベクトルは

$$\begin{pmatrix} a_+ \\ b_+ \end{pmatrix} = a_+ \begin{pmatrix} 1 \\ 0 \end{pmatrix} + b_+ \begin{pmatrix} 0 \\ 1 \end{pmatrix}$$

$$= a_+|\alpha\rangle + b_+|\beta\rangle \tag{4.92}$$

と表されることを用いれば,$|s_+(\theta,\phi)\rangle$ は証明される.

同様に，固有値 $\varepsilon = -1$ に属する固有ベクトルの成分 $a_-, b_-$ は，絶対値が 1 の複素数 $y$ を用いて，

$$a_- = -y\sin(\theta/2)\mathrm{e}^{-\mathrm{i}\phi}, \quad b_- = y\cos(\theta/2) \quad (4.93)$$

となり，$|s_-(\theta,\phi)\rangle$ も証明される．すでに明らかにされたように，$\hat{s}_{\theta,\phi}$ の固有値は $\pm\hbar/2$ であるが，固有状態は，それぞれ $|\alpha\rangle, |\beta\rangle$ ではなく，それらの一次結合（重ね合わせ）になっていることに注意すること．

4. 前問の結果より，2 成分ベクトル $(a,b)^\mathrm{T}$ を，$\theta,\phi$ の向きに回転させる変換 $\hat{U}_{\theta,\phi}$ は次のように表せる．

$$\hat{U}_{\theta,\phi} = \begin{pmatrix} x\cos(\theta/2)\mathrm{e}^{-\mathrm{i}\phi} & -y\sin(\theta/2)\mathrm{e}^{-\mathrm{i}\phi} \\ x\sin(\theta/2) & y\cos(\theta/2) \end{pmatrix} \quad (4.94)$$

ここで，変換が回転であるための条件として，行列式の値が 1 であるとして，$x, y$ の値を決める．

$$\begin{aligned} 1 &= \det \hat{U}_{\theta,\phi} \\ &= xy\mathrm{e}^{-\mathrm{i}\phi} \end{aligned} \quad (4.95)$$

より，$x = y = \mathrm{e}^{\mathrm{i}\phi/2}$ とおくことができる．したがって

$$\hat{U}_{\theta,\phi} = \begin{pmatrix} \cos(\theta/2)\mathrm{e}^{-\mathrm{i}\phi/2} & -\sin(\theta/2)\mathrm{e}^{\mathrm{i}\phi/2} \\ \sin(\theta/2)\mathrm{e}^{-\mathrm{i}\phi/2} & \cos(\theta/2)\mathrm{e}^{\mathrm{i}\phi/2} \end{pmatrix} \quad (4.96)$$

が得られる．この場合，$\theta \to 0, \phi \to 0$ の極限で，$|s_+(\theta,\phi)\rangle \to |\alpha\rangle$, $|s_-(\theta,\phi)\rangle \to |\beta\rangle$ となり，整合的である．

## 例題 21 の発展問題

**21-1.** 通常のベクトルは，$z$ 軸まわりに $2\pi$ 回転するともとにもどる．しかし，変換 $\hat{U}_{\theta,\phi}$ は異なることを次のような手順で具体的に示せ．

(1) $\theta = 0$ の場合，変換 $\hat{U}_{\theta,\phi}$ の表現はどうなるか．また，$\phi = 2\pi$ では 2 成分複素ベクトルとしてのスピノールは元にもどらず，符号が変わることを示せ．また，$\phi = 4\pi$ になってはじめて，元にもどることを示せ．

(2) 同様に，$\phi = 0$ の場合，変換 $\hat{U}_{\theta,\phi}$ の表現はどうなるか．また，$\theta = 2\pi$ では 2 成分複素ベクトルとしてのスピノールは元にもどらず，符号が変わることを示せ．また，$\theta = 4\pi$ になってはじめて，元にもどることを示せ．

─ コラム ─────────────────────────────

ここで議論した単位ベクトルの頂点は，3次元単位球面上の点に対応する．この単位球をブロッホ球（Bloch sphere）とよぶ（図4.2参照）．式(4.78), (4.79)のように，スピン上向き状態とスピン下向き状態を任意に線形結合させたものをq-ビット（量子ビット）という．量子情報科学において，ブロッホ球は単一のq-ビット（量子ビット）状態の視覚化に有用である．$|\alpha\rangle, |\beta\rangle$に対応する通常の（古典的な）ビットが離散化された0,1という二値しかとれないの比べ，q-ビット状態としての量子状態$|s(\theta, \phi)\rangle$は連続的に変化しうる$\theta, \phi$の値に応じて，莫大な情報を表すことができる（M. A. Nielsen and I. L. Chuang 著，木村達也 訳，『量子コンピュータと量子通信』，オーム社 (2006)．1巻，p.22 参照）．

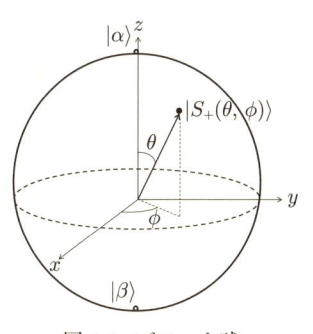

図4.2: ブロッホ球

─ コラム ─────────────────────────────

スピノールの2価性，または$4\pi$周期性は奇妙に感じられ，単に数学的なことに過ぎないとみなされるかもしれない．しかし，この奇妙な性質は中性子干渉計によって観測されている．たとえば，Kraan etal, Observation of $4\pi$-periodicity of the spinor using neutron resonance interferometry, Europhysics.Lett, 66 (2), pp.164-170(2004) などを参照のこと．

## 例題 22　ディラック・ハミルトニアンとスピン，軌道角運動量演算子

1. ディラック・ハミルトニアン (4.32) と軌道角運動量演算子 $\hat{\boldsymbol{\ell}} = (\hat{\ell}_x, \hat{\ell}_y, \hat{\ell}_z)$ との交換関係を計算し，それぞれ非可換であることを確認せよ．
2. 同様に，パウリ行列 $\hat{\boldsymbol{\sigma}} = (\hat{\sigma}_x, \hat{\sigma}_y, \hat{\sigma}_z)$ との交換関係を計算し，それぞれ非可換であることを確認せよ．

### 考え方

軌道角運動量演算子の場合，座標成分とその微分演算子による表現を用いて，交換関係を計算する．スピン演算子の場合には，その $(2 \times 2)$ 行列表現を用いて，交換関係を計算する．

### ‖解答‖

1. まず，ディラック・ハミルトニアン (4.32) と軌道角運動量演算子 $\hat{\ell}_x$ との交換関係を計算する.

$$[\hat{H}_{\text{Dirac}}, \hat{\ell}_x] = -\mathrm{i}c\hbar \left( \hat{\alpha}_1 \left[ \frac{\partial}{\partial x_1}, \hat{\ell}_x \right] \right.$$
$$\left. + \hat{\alpha}_2 \left[ \frac{\partial}{\partial x_2}, \hat{\ell}_y \right] + \hat{\alpha}_3 \left[ \frac{\partial}{\partial x_3}, \hat{\ell}_z \right] \right) \quad (4.97)$$

と書ける．ここで

$$\left[ \frac{\partial}{\partial x_1}, \hat{\ell}_x \right] = \frac{\hbar}{\mathrm{i}} \left[ \frac{\partial}{\partial x}, y\frac{\partial}{\partial z} - z\frac{\partial}{\partial y} \right] = 0,$$

$$\left[ \frac{\partial}{\partial x_2}, \hat{\ell}_x \right] = \frac{\hbar}{\mathrm{i}} \left[ \frac{\partial}{\partial y}, y\frac{\partial}{\partial z} - z\frac{\partial}{\partial y} \right] = \frac{\hbar}{\mathrm{i}} \frac{\partial}{\partial z},$$

$$\left[ \frac{\partial}{\partial x_3}, \hat{\ell}_x \right] = \frac{\hbar}{\mathrm{i}} \left[ \frac{\partial}{\partial z}, y\frac{\partial}{\partial z} - z\frac{\partial}{\partial y} \right] = -\frac{\hbar}{\mathrm{i}} \frac{\partial}{\partial y}$$

となり，まとめると

$$[\hat{H}_{\text{Dirac}}, \hat{\ell}_x] = -c\hbar^2 \left( \hat{\alpha}_2 \frac{\partial}{\partial z} - \hat{\alpha}_3 \frac{\partial}{\partial y} \right) \quad (4.98)$$

が得られる．添え字の入れ替えに対する対称性よ

### ワンポイント解説

・$\hat{\ell}_i = \hbar/\mathrm{i} \sum_{j,k=1}^{3} \varepsilon_{ijk} x_j \partial/\partial x_k, i = 1, 2, 3$

り，同様にして

$$[\hat{H}_{\text{Dirac}}, \hat{\ell}_y] = -c\hbar^2\left(\hat{\alpha}_3\frac{\partial}{\partial x} - \hat{\alpha}_1\frac{\partial}{\partial z}\right), \quad (4.99)$$

$$[\hat{H}_{\text{Dirac}}, \hat{\ell}_z] = -c\hbar^2\left(\hat{\alpha}_1\frac{\partial}{\partial y} - \hat{\alpha}_2\frac{\partial}{\partial x}\right) \quad (4.100)$$

が得られる．

2. パウリ行列の交換関係

$$[\hat{\sigma}_i, \hat{\sigma}_j] = 2\mathrm{i}\Sigma_k \varepsilon_{ijk}\hat{\sigma}_k \quad (4.101)$$

を用いると

$$[\hat{\alpha}_i, \hat{\Sigma}_j] = \begin{pmatrix} 0 & [\hat{\sigma}_i, \hat{\sigma}_j] \\ [\hat{\sigma}_i, \hat{\sigma}_j] & 0 \end{pmatrix}$$

$$= 2\mathrm{i}\Sigma_k \varepsilon_{ijk}\hat{\alpha}_k \quad (4.102)$$

が得られる．同様にして，$[\hat{\beta}, \hat{\Sigma}_i] = 0$ も証明される．以上の結果を用いると $\hat{H}_{\text{Dirac}}$ と $\hat{\boldsymbol{\Sigma}}$ との交換関係は

$$[\hat{H}_{\text{Dirac}}, \hat{\Sigma}_x] = 2c\hbar\left(\hat{\alpha}_2\frac{\partial}{\partial z} - \hat{\alpha}_3\frac{\partial}{\partial y}\right), \quad (4.103)$$

$$[\hat{H}_{\text{Dirac}}, \hat{\Sigma}_y] = 2c\hbar\left(\hat{\alpha}_3\frac{\partial}{\partial x} - \hat{\alpha}_1\frac{\partial}{\partial z}\right), \quad (4.104)$$

$$[\hat{H}_{\text{Dirac}}, \hat{\Sigma}_z] = 2c\hbar\left(\hat{\alpha}_1\frac{\partial}{\partial y} - \hat{\alpha}_2\frac{\partial}{\partial x}\right) \quad (4.105)$$

となり，交換しない．

## 例題 22 の発展問題

**22-1.** ディラック・ハミルトニアン (4.32) と全角運動量演算子 $\hat{\boldsymbol{j}} = \hat{\boldsymbol{\ell}} + \hat{\boldsymbol{s}}$ が交換するかどうかを確認せよ．

### 第 4 章の参考図書

[4-1] 後藤憲一ほか,『詳解 理論・応用 量子力学演習』, 共立出版 (1992). 特に, 5 章. 簡潔にかつ多くの現代的話題にも言及されている.

[4-2] M. A. Nielsen and I. L. Chuang 著, 木村達也 訳,『量子コンピュータと量子通信』, オーム社 (2006). 1 巻参照. 中級または上級レベル. 量子情報科学分野の論文, 単行本に多数引用され, 先年, 原書出版 10 周年記念版が出版されるなど, すでに名著であるとの評価が確立したといえる. 2 章は量子力学入門であり, 線形代数の要点の説明や, スピン概念の量子ビットへの応用などが特徴的に, かつ丁寧に記述されている.

[4-3] 朝永振一郎 著, 江沢洋 注,『新版 スピンはめぐる—成熟期の量子力学』, みすず書房 (2008). 中級レベル. 主として, スピン概念の導入と関連する歴史上の多くの話題が第 1 話から 12 話まで丁寧に説明されている.

[4-4] 朝永振一郎 著, 亀淵迪・原康夫・小寺武康 編,『角運動量とスピン』, みすず書房 (1989). 中級レベル. 名著の誉れが高い朝永振一郎,『量子力学』, 第 1 巻, 第 2 巻 (みすず書房) に続く第 3 巻として計画された内容で, 角運動量とスピンの数学的構造と物理的意味が平易な言葉で, しかも詳しく説明されている.

[4-5] 科学朝日 編,『物理学の 20 世紀』, 朝日新聞社 (1999). 特に, 11 章.

[4-6] 吉田伸夫,『光の場, 電子の海—量子場理論への道』, 新潮社 (2008). 6 章で, パウリのスピン理論を含む一般的な理論を建設したこと, 7 章でパウリがヨルダンやハイゼンベルクと協力して, 場の量子論を建設したことが生き生きと描写されている.

[4-7] C. Cohen-Tannoudji, B. Diu, F. Laloe, *Quantum Mechanics*, (2 vol. set), Wiley-Interscience; 2 Volume Set 版 (1992). 特に, 4 章と 9 章に詳しい説明がある.

[4-8] 北野正雄,『量子力学の基礎』, 共立出版 (2010). 特に, 12 章 空間回転と角運動量の中の, 12.10, 12.11 節に SO(3) 群と SU(2) 群の大域的構造の違いの説明がある.

# 5 角運動量の合成

―《 内容のまとめ 》―

**一般化された角運動量演算子**

軌道角運動量演算子と，スピン演算子は同形の交換関係を満たす．それぞれの基本的な性質はこれらの交換関係によって決定される．したがって，軌道角運動量と同様に，スピンをスピン角運動量とよぶこともある．同じ交換関係を満たす演算子の一組を一般化されたものを，一般化された角運動量演算子という．ここでは，それを $\hat{\boldsymbol{j}}$ と記し，次の演算子を定義する．

$$\hat{\boldsymbol{j}} = (\hat{j}_x, \hat{j}_y, \hat{j}_z),\ \hat{\boldsymbol{j}}^2 \equiv (\hat{j}_x)^2 + (\hat{j}_y)^2 + (\hat{j}_z)^2, \tag{5.1}$$

$$\hat{j}_\pm \equiv \hat{j}_x \pm \mathrm{i}\hat{j}_y, \tag{5.2}$$

$$\hat{\boldsymbol{j}}^2 = \begin{cases} \hat{j}_-\hat{j}_+ + \hat{j}_z^2 + \hbar\hat{j}_z, \\ \hat{j}_+\hat{j}_- + \hat{j}_z^2 - \hbar\hat{j}_z, \\ \frac{1}{2}(\hat{j}_+\hat{j}_- + \hat{j}_-\hat{j}_+) + \hat{j}_z^2. \end{cases} \tag{5.3}$$

これらの演算子は以下の交換関係を満たす．

$$[\hat{j}_x, \hat{j}_y] = \mathrm{i}\hbar\hat{j}_z,\ [\hat{j}_y, \hat{j}_z] = \mathrm{i}\hbar\hat{j}_x,\ [\hat{j}_z, \hat{j}_x] = \mathrm{i}\hbar\hat{j}_y, \tag{5.4}$$

$$[\hat{\boldsymbol{j}}^2, \hat{j}_x] = [\hat{\boldsymbol{j}}^2, \hat{j}_y] = [\hat{\boldsymbol{j}}^2, \hat{j}_z] = 0, \tag{5.5}$$

$$[\hat{j}_z, \hat{j}_\pm] = \pm\hbar\hat{j}_\pm.\ (複号同順), \tag{5.6}$$

$$[\hat{j}_+, \hat{j}_-] = 2\hbar\hat{j}_z, \tag{5.7}$$

$$[\hat{\boldsymbol{j}}^2, \hat{j}_\pm] = 0. \tag{5.8}$$

**角運動量演算子の和**

2つの独立な角運動量演算子 $\hat{\boldsymbol{j}}_1, \hat{\boldsymbol{j}}_2$ を考える．ここで，独立とは角運動量の由来する空間座標またはスピン座標（スピン $z$ 成分が上向きか下向きか）が相互に独立という意味である．このとき，$\hat{\boldsymbol{j}}_1$ と $\hat{\boldsymbol{j}}_2$ は可換である．

$$[\hat{\boldsymbol{j}}_1, \hat{\boldsymbol{j}}_2] = 0. \tag{5.9}$$

$\hat{\boldsymbol{j}}_1, \hat{\boldsymbol{j}}_2$ の量子数の大きさを，それぞれ $j_1, j_2$ とし，$z$ 成分のそれらをそれぞれ $m_1, m_2$ とし，固有状態をそれぞれ $|j_1 m_1\rangle, |j_2 m_2\rangle$ とする．すなわち，

$$\hat{\boldsymbol{j}}_k^2 |j_k m_k\rangle = \hbar^2 j_k(j_k+1)|j_k m_k\rangle, \tag{5.10}$$

$$\hat{j}_{kz}|j_k m_k\rangle = \hbar m_k |j_k m_k\rangle, (k=1,2). \tag{5.11}$$

角運動量演算子の和の演算子

$$\hat{\boldsymbol{J}} \equiv \hat{\boldsymbol{j}}_1 + \hat{\boldsymbol{j}}_2 \tag{5.12}$$

に対して，単一の角運動演算子の場合と同様に，その $x, y, z$ 成分などを次のように定義する．

$$\hat{J}_x \equiv \hat{j}_{1x} + \hat{j}_{2x}, \hat{J}_y \equiv \hat{j}_{1y} + \hat{j}_{2y}, \hat{J}_z \equiv \hat{j}_{1z} + \hat{j}_{2z}, \tag{5.13}$$

$$\hat{J}_\pm \equiv \hat{J}_x \pm \mathrm{i}\hat{J}_y. \tag{5.14}$$

これらの演算子は以下の交換関係を満たす．

$$[\hat{J}_x, \hat{J}_y] = \mathrm{i}\hbar \hat{J}_z, \ [\hat{J}_y, \hat{J}_z] = \mathrm{i}\hbar \hat{J}_x, \ [\hat{J}_z, \hat{J}_x] = \mathrm{i}\hbar \hat{J}_y, \tag{5.15}$$

$$[\hat{\boldsymbol{J}}^2, \hat{J}_x] = [\hat{\boldsymbol{J}}^2, \hat{J}_y] = [\hat{\boldsymbol{J}}^2, \hat{J}_z] = 0, \tag{5.16}$$

$$[\hat{J}_z, \hat{J}_\pm] = \pm \hbar \hat{J}_\pm. \text{（複号同順）}, \tag{5.17}$$

$$[\hat{J}_+, \hat{J}_-] = 2\hbar \hat{J}_z, \tag{5.18}$$

$$[\hat{\boldsymbol{J}}^2, \hat{J}_\pm] = 0. \tag{5.19}$$

$\hat{\boldsymbol{J}}$ の大きさ $J$ は，図 5.1 で示されるように，

$$J = j_1 + j_2, j_1 + j_2 - 1, \ldots, |j_1 - j_2| \tag{5.20}$$

という離散的な値をとる（図 5.1 参照）．それぞれの $J$ の値に対して，$\hat{J}_z$ の固有値 $M\hbar$ は

$$M = J, J-1, \ldots, -J \tag{5.21}$$

という離散的な値をとる．

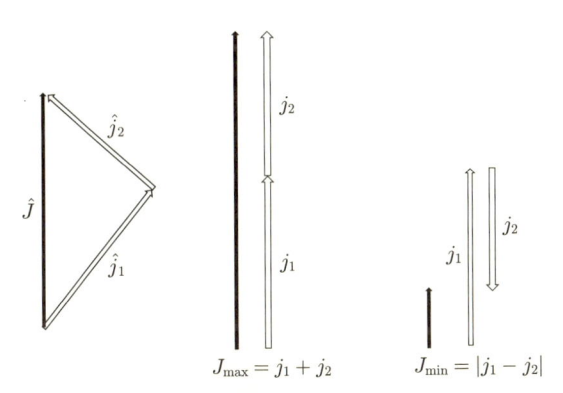

図 5.1: 角運動量の合成とその量子化

**角運動量演算子の和の固有状態**

2つの独立した角運動量演算子の和の固有状態を求める一般的方法について説明する．

1. 合成される演算子 $\hat{\boldsymbol{J}}$, $\hat{J}_z$ の固有値がそれぞれ $\hbar^2 J(J+1), \hbar M$ である固有状態（角運動量が結合された状態）$|JM\rangle$ は，素材としての角運動量が結合されていない，直交規格化された状態 $|j_1 m_1 j_2 m_2\rangle (= |j_1 m_1\rangle |j_2 m_2\rangle)$ の一次結合で，一般に次のように表される．

$$|JM\rangle = \sum_{m_1=-j_1}^{j_1} \sum_{m_2=-j_2}^{j_2} \langle j_1 m_1 j_2 m_2 | JM\rangle |j_1 m_1\rangle |j_2 m_2\rangle. \tag{5.22}$$

展開係数 $\langle j_1 m_1 j_2 m_2 | JM\rangle$ をクレブシュ・ゴルダン (Clebsch-Gordan) 係数，または簡単にCG係数ともいう．CG係数は $\langle j_1 m_1 j_2 m_2 | j_1 j_2 JM\rangle$, $C_{j_1 m_1 j_2 m_2 JM}$, $C^{JM}_{j_1 m_1 j_2 m_2}$ とも書く．式 (5.22) は，角運動量について異なった表示の固有ベクトルを結ぶ変換になっているので，ユニタリ変換である．ここで

$$\sum_{J=|j_1-j_2|}^{j_1+j_2} (2J+1) = (2j_1+1)(2j_2+1) \tag{5.23}$$

が成立する．この式 (5.23) の左辺は異なる $(JM)$ の組の個数で，右辺は異なる $m_1, m_2$ の組の個数である．したがって，$\langle j_1 m_1 j_2 m_2 | JM \rangle$ の集合は $(m_1 m_2), (JM)$ を，それぞれ行，列を指定する二重添え字としてもつ正方行列であることを示している．

2. 状態ベクトル $|JM\rangle$ は演算子 $\hat{\boldsymbol{J}}, \hat{J}_z$ の固有状態である．

$$\hat{\boldsymbol{J}}^2 |JM\rangle = \hbar^2 J(J+1) |JM\rangle, \tag{5.24}$$

$$\hat{J}_z |JM\rangle = \hbar M |JM\rangle, \tag{5.25}$$

$$\hat{J}_\pm |JM\rangle = \begin{cases} \hbar \sqrt{J(J+1) - M(M \pm 1)} |JM \pm 1\rangle, \\ \hbar \sqrt{(J \mp M)(J \pm M + 1)} |JM \pm 1\rangle. \end{cases} \text{（複号同順）} \tag{5.26}$$

3. 選択則：合成された角運動量演算子の成分は 2 つの角運動量演算子の成分の和に等しい．したがって，CG 係数は

$$\langle j_1 m_1 j_2 m_2 | JM \rangle = 0, \quad (m_1 + m_2 \neq M \text{ の場合}) \tag{5.27}$$

を満たす．CG 係数はこの条件 (5.27) と同時に，三角条件とよばれる次の条件も満たさなければならない．

$$|j_1 - j_2| \leq J \leq j_1 + j_2. \tag{5.28}$$

三角条件は他に以下のような 2 つ表現がある．

$$|J - j_1| \leq j_2 \leq J + j_1, \tag{5.29}$$

$$|J - j_2| \leq j_1 \leq J + j_2. \tag{5.30}$$

4. 直交規格性：定義より $J, M$ の異なる固有状態は直交する．

$$\langle JM | J'M' \rangle = \delta_{JJ'} \delta_{MM'}. \tag{5.31}$$

同様に

$$\langle j_1 m_1 j_2 m_2 | j_1' m_1' j_2' m_2' \rangle = \delta_{j_1 j_1'} \delta_{j_2 j_2'} \delta_{m_1 m_1'} \delta_{m_2 m_2'}. \tag{5.32}$$

状態の組 $\{|j_1 m_1 j_2 m_2\rangle\}, \{|JM\rangle\}$ はそれぞれ完全性を満たす．

$$\sum_{m_1 m_2} |j_1 m_1 j_2 m_2\rangle\langle j_1 m_1 j_2 m_2| = \hat{1}, \tag{5.33}$$

$$\sum_{JM} |JM\rangle\langle JM| = \hat{1}. \tag{5.34}$$

式 (5.22) の変換行列がユニタリであるために，CG 係数は次式のような直交性をもつ．

$$\sum_{m_1(m_2)} \langle j_1 m_1 j_2 m_2|JM\rangle\langle j_1 m_1 j_2 m_2|J'M'\rangle = \delta_{JJ'}\delta_{MM'}, \tag{5.35}$$

$$\sum_{J} \langle j_1 m_1 j_2 m_2|JM\rangle\langle j_1 m_1' j_2 m_2'|JM\rangle = \delta_{m_1 m_1'}\delta_{m_2 m_2'}. \tag{5.36}$$

これらの関係を用いると，式 (5.22) の逆として

$$|j_1 m_1 j_2 m_2\rangle = \sum_J \langle j_1 m_1 j_2 m_2|JM\rangle |JM\rangle \tag{5.37}$$

を得る．

5. CG 係数は次のような対称性をもつ．

$$\langle j_1 m_1 j_2 m_2|JM\rangle = (-1)^{j_1+j_2-J}\langle j_2 m_2 j_1 m_1|JM\rangle \tag{5.38}$$

$$= (-1)^{j_1+j_2-J}\langle j_1,-m_1 j_2,-m_1|J,-M\rangle \tag{5.39}$$

$$= (-1)^{j_1-m_1}\sqrt{\frac{2J+1}{2j_2+1}}\langle j_1 m_1 J,-M|j_2,-m_2\rangle \tag{5.40}$$

$$= (-1)^{j_2+m_2}\sqrt{\frac{2J+1}{2j_1+1}}\langle J,-M j_2 m_2|j_1,-m_1\rangle. \tag{5.41}$$

6. 原子物理学や原子核物理学などの分野における角運動量結合の計算において有用な公式を記す．

$$\sum_{m_\alpha M} \langle j_a m_\alpha j_b m_\beta|JM\rangle\langle j_a m_\alpha j_c m_\gamma|JM\rangle = \left(\frac{2J+1}{2j_b+1}\right)\delta_{j_b j_c}\delta_{m_\beta m_\gamma}. \tag{5.42}$$

7. 漸化式：角運動量の値が 1 つずつ異なる CG 係数の間には次の関係式があり，これにより CG 係数を順次計算できる．

$$\sqrt{J(J+1) - M(M\pm 1)} \langle j_1 m_1 j_2 m_2 | JM \pm 1 \rangle$$
$$= \sqrt{j_1(j_1+1) - m_1(m_1 \mp 1)} \langle j_1 m_1 \mp 1 j_2 m_2 | JM \rangle$$
$$+ \sqrt{j_2(j_2+1) - m_2(m_2 \mp 1)} \langle j_1 m_1 j_2 m_2 \mp 1 | JM \rangle. \tag{5.43}$$

複合同順であるが,左辺と右辺では複合の符号が異なることに注意する.
8. 位相:CG 係数の位相因子は,$\langle j_1 j_1 j_2 j_2 | j_1 + j_2, j_1 + j_2 \rangle = 1$ となるように決定される.以上の性質は位相の選び方に依存せずに,成立する.
9. 簡単な場合の CG 係数の値.

(a) $J = M = 0$ の場合
$$\langle j_1 m_1 j_2 m_2 | 00 \rangle = \frac{(-1)^{j_1 - m_1}}{\sqrt{2j_1+1}} \delta_{j_1, j_2} \delta_{m_1, -m_2}. \tag{5.44}$$

(b) $j_2 = 1/2$ の場合

| $J$ | $m_2 = \frac{1}{2}$ | $m_2 = -\frac{1}{2}$ |
|---|---|---|
| $j_1 + \frac{1}{2}$ | $\sqrt{\frac{j_1+M+1/2}{2j_1+1}}$ | $\sqrt{\frac{j_1-M+1/2}{2j_1+1}}$ |
| $j_1 - \frac{1}{2}$ | $-\sqrt{\frac{j_1-M+1/2}{2j_1+1}}$ | $\sqrt{\frac{j_1+M+1/2}{2j_1+1}}$ |

(c) $j_2 = 1$ の場合

| $J$ | $m_2 = 1$ | $m_2 = 0$ | $m_2 = -1$ |
|---|---|---|---|
| $j_1 + 1$ | $\sqrt{\frac{(j_1+M)(j_1+M+1)}{(2j_1+1)(2j_1+2)}}$ | $\sqrt{\frac{(j_1-M)(j_1+M+1)}{(2j_1+1)(j_1+1)}}$ | $\sqrt{\frac{(j_1-M)(j_1-M+1)}{(2j_1+1)(2j_1+2)}}$ |
| $j_1$ | $-\sqrt{\frac{(j_1+M)(j_1-M+1)}{2j_1(j_1+1)}}$ | $\sqrt{\frac{M^2}{j_1(j_1+1)}}$ | $\sqrt{\frac{(j_1-M)(j_1+M+1)}{2j_1(j_1+1)}}$ |
| $j_1 - 1$ | $\sqrt{\frac{(j_1-M)(j_1-M+1)}{2j_1(2j_1+1)}}$ | $-\sqrt{\frac{(j_1-M)(j_1+M)}{j_1(2j_1+1)}}$ | $\sqrt{\frac{(j_1+M+1)(j_1+M)}{2j_1(2j_1+1)}}$ |

## 例題 23  2電子のスピンの合成系の状態

2つの電子のスピン角運動量演算子（ベクトル）$\hat{\boldsymbol{s}}_1, \hat{\boldsymbol{s}}_2$ から，合成される全スピン角運動量演算子（ベクトル）$\hat{\boldsymbol{S}} = \hat{\boldsymbol{s}}_1 + \hat{\boldsymbol{s}}_2$ を考える．

1. $\hat{\boldsymbol{s}}_1^2, \hat{\boldsymbol{s}}_2^2$ の固有値を，同じ $\hbar^2 s(s+1), (s=1/2)$ と表し，$\hat{\boldsymbol{S}}^2$ の固有値を $\hbar^2 S(S+1), (S:$ 大文字$)$ と表すとき，$S$ の取り得る値を記せ．
2. $\hat{\boldsymbol{s}}_1 \cdot \hat{\boldsymbol{s}}_2$ を $\hat{\boldsymbol{S}}, \hat{\boldsymbol{s}}_1, \hat{\boldsymbol{s}}_2$ で表す式を求めよ．
3. $\hat{\boldsymbol{s}}_1 \cdot \hat{\boldsymbol{s}}_2$ を，全スピンの固有状態に作用させる場合の固有値を求めよ．
4. 2電子系の合成スピン演算子の $z$ 成分 $\hat{S}_z$ と2乗 $\hat{\boldsymbol{S}}^2$ を，1電子のスピン演算子 $\hat{\boldsymbol{s}}_j^2, \hat{s}_{jz}, \hat{s}_{j\pm}$ で表せ．
5. 2電子系の合成スピン演算子の直交規格化された固有状態 $|S, M\rangle$ が，

$$|S=1, M=1\rangle \equiv |\alpha_1 \alpha_2\rangle, \tag{5.45}$$

$$|S=1, M=0\rangle \equiv \frac{1}{\sqrt{2}}\{|\alpha_1 \beta_2\rangle + |\beta_1 \alpha_2\rangle\}, \tag{5.46}$$

$$|S=1, M=-1\rangle \equiv |\beta_1 \beta_2\rangle, \tag{5.47}$$

$$|S=0, M=0\rangle \equiv \frac{1}{\sqrt{2}}\{|\alpha_1 \beta_2\rangle - |\beta_1 \alpha_2\rangle\} \tag{5.48}$$

であることを示せ．ただし，$\hbar$ を単位として，$S$ は合成スピンの大きさ，$M$ はその $z$ 成分である．

## 考え方

ベクトルの2乗は同じベクトルの内積である．2つの電子のスピン角運動量演算子 $\hat{\boldsymbol{s}}_1, \hat{\boldsymbol{s}}_2$ の順序は可換である．2つの角運動量の固有状態の積の一次結合により，合成される全角運動量の固有状態が作られることを考慮する．

## 解答

1. 電子スピン $s = 1/2$ であることを考慮して，$S = 0, 1$ である．
2. $\hat{\boldsymbol{S}} = \hat{\boldsymbol{s}}_1 + \hat{\boldsymbol{s}}_2$ の両辺を2乗する（同じベクトルの内積をとる）と

## ワンポイント解説

$$\hat{\boldsymbol{S}}^2 = \hat{\boldsymbol{s}}_1^2 + 2\hat{\boldsymbol{s}}_1 \cdot \hat{\boldsymbol{s}}_2 + \hat{\boldsymbol{s}}_2^2. \tag{5.49}$$

したがって

$$\hat{\boldsymbol{s}}_1 \cdot \hat{\boldsymbol{s}}_2 = \frac{1}{2}\left[\hat{\boldsymbol{S}}^2 - \hat{\boldsymbol{s}}_1^2 - \hat{\boldsymbol{s}}_2^2\right]. \tag{5.50}$$

3.

$$\hat{\boldsymbol{s}}_1 \cdot \hat{\boldsymbol{s}}_2 |SS_z\rangle = \frac{\hbar^2}{2}\left[S(S+1) - \frac{3}{2}\right]|SS_z\rangle. \tag{5.51}$$

したがって，固有値は $\frac{\hbar^2}{2}\left[S(S+1) - \frac{3}{2}\right]$ である．

4.

$$\hat{S}_z = \hat{s}_{1z} + \hat{s}_{2z}, \tag{5.52}$$

$$\begin{aligned}\hat{\boldsymbol{S}}^2 &= \hat{\boldsymbol{s}}_1^2 + \hat{\boldsymbol{s}}_2^2 + 2\hat{\boldsymbol{s}}_1 \cdot \hat{\boldsymbol{s}}_2 \\ &= \hat{\boldsymbol{s}}_1^2 + \hat{\boldsymbol{s}}_2^2 + 2(\hat{s}_{1x}\hat{s}_{2x} + \hat{s}_{1y}\hat{s}_{2y} + \hat{s}_{1z}\hat{s}_{2z}).\end{aligned} \tag{5.53}$$

ここで

$$\begin{aligned}\hat{s}_{1x}\hat{s}_{2x} + \hat{s}_{1y}\hat{s}_{2y} &= \frac{1}{4}(\hat{s}_{1+} + \hat{s}_{1-})(\hat{s}_{2+} + \hat{s}_{2-}) \\ &\quad - \frac{1}{4}(\hat{s}_{1+} - \hat{s}_{1-})(\hat{s}_{2+} - \hat{s}_{2-}) \\ &= \frac{\hat{s}_{1+}\hat{s}_{2-} + \hat{s}_{1-}\hat{s}_{2+}}{2}.\end{aligned} \tag{5.54}$$

前式に代入すると

$$\hat{\boldsymbol{S}}^2 = \hat{\boldsymbol{s}}_1^2 + \hat{\boldsymbol{s}}_2^2 + \hat{s}_{1+}\hat{s}_{2-} + \hat{s}_{1-}\hat{s}_{2+} + 2\hat{s}_{1z}\hat{s}_{2z} \tag{5.55}$$

が得られる．

5. 2電子の合成スピンの大きさとその $z$ 成分は，角運動量の合成則より，次の4つの場合となる．

$$S = 1 : (M = 1, 0, -1), S = 0 : (M = 0). \tag{5.56}$$

まず，合成スピン演算子 $\hat{S}_z$ を $|\alpha_1\alpha_2\rangle$ に作用させて，固有値を計算する．

$$\begin{aligned}
\hat{S}_z|\alpha_1\alpha_2\rangle &= (\hat{s}_{1z} + \hat{s}_{2z})|\alpha_1\alpha_2\rangle \\
&= (\hat{s}_{1z}|\alpha_1\rangle)|\alpha_2\rangle + |\alpha_1\rangle(\hat{s}_{2z}|\alpha_2\rangle) \\
&= \frac{\hbar}{2}|\alpha_1\rangle|\alpha_2\rangle + |\alpha_1\rangle(\frac{\hbar}{2}|\alpha_2\rangle) \\
&= \hbar|\alpha_1\alpha_2\rangle \quad (5.57)
\end{aligned}$$

となり，$|\alpha_1\alpha_2\rangle$ の固有値 $\hbar(M = 1)$ であることがわかる．すると，$S = 1$ となるはずである（実際に，$\hat{S}^2$ についての前問の結果を用いて，$|\alpha_1\alpha_2\rangle$ に作用させると，固有値 $\hbar^2 \cdot 1(1+1)$ が得られる）．$|\alpha_1\alpha_2\rangle$ は，規格直交化されていることは自明であろう．すなわち

$$\begin{aligned}
\langle\alpha_1\alpha_2|\alpha_1\alpha_2\rangle &= \langle\alpha_1|\alpha_1\rangle\langle\alpha_2|\alpha_2\rangle \\
&= 1. \quad (5.58)
\end{aligned}$$

したがって，$|S = 1, M = 1\rangle = |\alpha_1\alpha_2\rangle$ が証明された．

同様にして，$|S = 1, M = -1\rangle = |\beta_1\beta_2\rangle$ が証明される．

次に，演算子 $\hat{S}_- = \hat{s}_{1-} + \hat{s}_{2-}$ を，$|S = 1, M = 1\rangle = |\alpha_1\alpha_2\rangle$ の両辺に

$$\hat{S}_-|S = 1, M = 1\rangle = (\hat{s}_{1-} + \hat{s}_{2-})|\alpha_1\alpha_2\rangle \quad (5.59)$$

として，それぞれ作用させると

$$|S = 1, M = 0\rangle = \frac{1}{\sqrt{2}}(|\beta_1\alpha_2\rangle + |\alpha_1\beta_2\rangle) \quad (5.60)$$

が得られる．これが規格化されていることは次のようにしてわかる．

$$\langle S=1, M=0 | S=1, M=0 \rangle$$
$$= \frac{1}{2}(\langle \beta_1\alpha_2 | \beta_1\alpha_2 \rangle + \langle \alpha_1\beta_2 | \alpha_1\beta_2 \rangle)$$
$$= 1. \tag{5.61}$$

状態 $|S=1, M=0\rangle$ の右辺をみれば，$M=0$ であることは自明である．

最後に，同じ $M=0$ で，$|S=1, M=0\rangle$ に直交するように，状態 $|S=0, M=0\rangle$ を決める．そのために，規格化条件 $|c_1|^2 + |c_2|^2 = 1$ のもとで，内積をゼロにするように，未知の係数 $c_1, c_2$ を決める．

$$0 = \langle S=1, M=0 | S=0, M=0 \rangle$$
$$= \frac{1}{\sqrt{2}}(\langle \beta_1\alpha_2 | + \langle \alpha_1\beta_2 |)$$
$$\times (c_1|\beta_1\alpha_2\rangle + c_2|\alpha_1\beta_2\rangle)$$
$$= \frac{1}{\sqrt{2}}(c_1 + c_2)$$

により

$$c_1 = \frac{1}{\sqrt{2}}, \ c_2 = -\frac{1}{\sqrt{2}} \tag{5.62}$$

となり，$|S=0, M=0\rangle$ が証明された．この状態が $S=0$ であることは，$\hat{S}^2$ についての前問の結果を用いて，$(|\alpha_1\beta_2\rangle - |\beta_1\alpha_2\rangle)$ に作用させると

$$(\hat{s}_1^2 + \hat{s}_2^2 + \hat{s}_{1+}\hat{s}_{2-} + \hat{s}_{1-}\hat{s}_{2+} + 2\hat{s}_{1z}\hat{s}_{2z})$$
$$(|\alpha_1\beta_2\rangle - |\beta_1\alpha_2\rangle)$$
$$= \hbar^2 \{ \frac{1}{2}(\frac{1}{2}+1) \times 2(|\alpha_1\beta_2\rangle - |\beta_1\alpha_2\rangle)$$
$$- |\alpha_1\beta_2\rangle + |\beta_1\alpha_2\rangle$$
$$- 2 \times (\frac{1}{2})^2 (|\alpha_1\beta_2\rangle - |\beta_1\alpha_2\rangle) \}$$

$$= \hbar^2(\frac{3}{2} - 1 - \frac{1}{2})(|\alpha_1\beta_2\rangle - |\beta_1\alpha_2\rangle)$$
$$= 0 \tag{5.63}$$

となり，固有値 0 が得られることからわかる．この解法は手探り的ではあるが，後の例題で示すように，CG 係数を用いると系統的に計算できる．

### 例題 23 の発展問題

**23-1.** 3 つの電子のスピンが合成された状態 $|S, M\rangle$ をすべて求めよ．

## 例題 24　2電子の交換相互作用

1. 演算子 $2(\hat{\boldsymbol{s}}_1 \cdot \hat{\boldsymbol{s}}_2)$ を，式 (5.45)-(5.48) に作用させ，それぞれの固有値を求めよ．
2. スピン一重項とスピン三重項の間の差 $2J(J>0)$ は，2つの電子のスピン間に次のハミルトニアン

$$\hat{H}_{\mathrm{ex}} \equiv -\frac{2J}{\hbar^2}\hat{\boldsymbol{s}}_1 \cdot \hat{\boldsymbol{s}}_2, \quad (J:エネルギーの次元をもつ定数, J>0) \quad (5.64)$$

で表される相互作用（交換相互作用）が存在することと等価であることを示せ．

## 考え方

$\hat{\boldsymbol{s}}_1 \cdot \hat{\boldsymbol{s}}_2$ を $\hat{\boldsymbol{S}}^2, \hat{\boldsymbol{s}}_1^2, \hat{\boldsymbol{s}}_2^2$ で表して，固有状態の直交規格性に留意する．

## ‖解答‖

**ワンポイント解説**

1. 固有状態 $|\alpha_1\alpha_2\rangle$ の合成スピン $S=1$ であることを考慮して

$$\begin{aligned}2\hat{\boldsymbol{s}}_1 \cdot \hat{\boldsymbol{s}}_2|S=1, M=1\rangle &= [\hat{\boldsymbol{S}}^2 - \hat{\boldsymbol{s}}_1^2 - \hat{\boldsymbol{s}}_2^2]|\alpha_1\alpha_2\rangle \\ &= [2 - \frac{3}{4} - \frac{3}{4}]\hbar^2|\alpha_1\alpha_2\rangle \\ &= \frac{1}{2}\hbar^2|S=1, M=1\rangle. \quad (5.65)\end{aligned}$$

同様にして

$$2\hat{\boldsymbol{s}}_1 \cdot \hat{\boldsymbol{s}}_2|S=1, M=0\rangle$$
$$= \frac{1}{2}\hbar^2|S=1, M=0\rangle$$
$$2\hat{\boldsymbol{s}}_1 \cdot \hat{\boldsymbol{s}}_2|S=1, M=-1\rangle$$
$$= \frac{1}{2}\hbar^2|S=1, M=-1\rangle.$$

ただし，$|S=0, M=0\rangle$ は $S=0$ であることに注

意して
$$2\hat{\boldsymbol{s}}_1 \cdot \hat{\boldsymbol{s}}_2 |S=0, M=0\rangle$$
$$= -\frac{3}{2}\hbar^2 |S=0, M=0\rangle. \qquad (5.66)$$

2. 固有状態の直交規格性に留意して
$$\langle S=0, M=0|2\hat{\boldsymbol{s}}_1 \cdot \hat{\boldsymbol{s}}_2|S=0, M=0\rangle$$
$$= -\frac{3\hbar^2}{2}, \qquad (5.67)$$
$$\langle S=1, M|2\hat{\boldsymbol{s}}_1 \cdot \hat{\boldsymbol{s}}_2|S=1, M\rangle$$
$$= \frac{\hbar^2}{2} \qquad (5.68)$$

が得られる．$\hat{H}_{ex}$ の係数の符号に留意すると

$$\Delta E(S=0, S=1)$$
$$\equiv \langle S=0, M=0|\hat{H}_{ex}|S=0, M=0\rangle$$
$$- \langle S=1, M|\hat{H}_{ex}|S=1, M\rangle$$
$$= 2J \qquad (5.69)$$

となる．

## 例題 24 の発展問題

**24-1.** $\hat{P}_{1,2}$ は 1 と 2 を交換させる交換演算子とする．2 電子系の固有状態に対して，次のように，交換演算子が電子スピン演算子により表されることを示せ．
$$\frac{2(\hat{\boldsymbol{s}}_1 \cdot \hat{\boldsymbol{s}}_2)}{\hbar^2} + \frac{1}{2} = \hat{P}_{1,2}$$

## 5 角運動量の合成

---コラム---

ここで証明した関係式は，スピン演算子を含む複雑な計算を非常に簡単にすることが知られている（小口武彦，日本物理学会誌 44 巻 2 号 p.95 (1989)）．スピン交換演算子 $\hat{P}_{12}$ に対して，三重状態 (triplet states) $|S=1,M\rangle, (M=1,0,-1)$ の固有値は 1 で交換に対して対称的で，一重状態 (singlet state) $|S=0,M=0\rangle$ の固有値は $-1$ で，交換に反対称的であることを意味する．発展問題 24-1 の式はパウリ行列を用いると

$$\hat{P}_{1,2} = \frac{1}{2}\left(1+\hat{\boldsymbol{\sigma}}_1 \cdot \hat{\boldsymbol{\sigma}}_2\right)$$

のように簡潔な表現になる．同様に，アイソスピンの交換演算子 $\hat{P}_{1,2}^{\text{isospin}}$ は

$$\hat{P}_{1,2}^{\text{isospin}} = \frac{1}{2}\left(1+\hat{\boldsymbol{\tau}}_1 \cdot \hat{\boldsymbol{\tau}}_2\right)$$

と与えられる．アイソスピンは陽子と中性子を同一の量子的粒子の異なる量子状態とみなした場合の量子数のことである．$\hat{\boldsymbol{\tau}}$ は $\hat{\boldsymbol{\sigma}}$ と同じ形である．これらの交換演算子は，核力の交換力の表現において重要な役割を果たした．

## 例題 25  スピン間相互作用による 2 電子系の励起スペクトル

スピン $\hat{s}_1, \hat{s}_2$ の 2 電子系のハミルトニアンが

$$\hat{H} \equiv \frac{2K}{\hbar^2}\hat{s}_1 \cdot \hat{s}_2 \qquad (K>0, \text{constant}) \tag{5.70}$$

で与えられるとき，合成スピンの大きさ $S$ とその $z$ 成分 $M_S$ をもつ固有状態 $|\chi_{S,M_S}\rangle$ は次のように表される．

$$|\chi_{1,1}\rangle = |\alpha_1\alpha_2\rangle, \tag{5.71}$$

$$|\chi_{1,0}\rangle = \frac{1}{\sqrt{2}}\{|\alpha_1\beta_2\rangle + |\beta_1\alpha_2\rangle\}, \tag{5.72}$$

$$|\chi_{1,-1}\rangle = |\beta_1\beta_2\rangle, \tag{5.73}$$

$$|\chi_{0,0}\rangle = \frac{1}{\sqrt{2}}\{|\alpha_1\beta_2\rangle - |\beta_1\alpha_2\rangle\}. \tag{5.74}$$

ただし，1 電子のスピン上向き（下向き）固有状態を $|\alpha\rangle(|\beta\rangle)$ とする．ここで，ケットベクトルの添え字は 2 電子のどちらかであるかの指標である．2 電子系のハミルトニアンに対する，それぞれの状態のエネルギー固有値を求め，エネルギーの縮退があるかどうかも調べよ．

### 考え方

$\hat{s}_1 \cdot \hat{s}_2$ を $\hat{S}^2, \hat{s}_1^2, \hat{s}_2^2$ で表して，$|\chi_{SM_s}\rangle$ は $\hat{S}^2$ の固有状態で，$|\alpha\rangle, |\beta\rangle$ は $\hat{s}_1^2, \hat{s}_2^2$ の固有状態であることを用いる．

### ‖解答‖

以下スピン演算子の文字記号について，1 電子スピンには小文字の $s$，2 電子の合成スピンには大文字の $S$ を使用する．

$$\hat{\bm{S}} \equiv \hat{\bm{s}}_1 + \hat{\bm{s}}_2 \tag{5.75}$$

$$\to 2\hat{\bm{s}}_1 \cdot \hat{\bm{s}}_2 = \hat{\bm{S}}^2 - \hat{\bm{s}}_1^2 - \hat{\bm{s}}_2^2. \tag{5.76}$$

$$2\hat{\bm{s}}_1 \cdot \hat{\bm{s}}_2 |\chi_{S,M_s}\rangle = (\hat{\bm{S}}^2 - \hat{\bm{s}}_1^2 - \hat{\bm{s}}_2^2)|\chi_{S,M_s}\rangle. \tag{5.77}$$

したがって

### ワンポイント解説

$$\hat{H}|\chi_{S,M_S}\rangle = K\left\{S(S+1) - \frac{3}{2}\right\}|\chi_{S,M_S}\rangle \quad (5.78)$$

と書き直せる．すると

$$\hat{H}|\chi_{1,1}\rangle = K\left\{1\cdot(1+1) - \frac{3}{2}\right\}|\chi_{1,1}\rangle$$
$$= \frac{K}{2}|\chi_{1,1}\rangle, \quad (5.79)$$
$$\hat{H}|\chi_{1,0}\rangle = \frac{K}{2}|\chi_{1,0}\rangle, \quad (5.80)$$
$$\hat{H}|\chi_{1,-1}\rangle = \frac{K}{2}|\chi_{1,-1}\rangle, \quad (5.81)$$
$$\hat{H}|\chi_{0,0}\rangle = K\left\{0\cdot(0+1) - \frac{3}{2}\right\}|\chi_{0,0}\rangle$$
$$= -\frac{3}{2}K|\chi_{0,0}\rangle \quad (5.82)$$

が得られる．3つの状態 $|\chi_{1,M}\rangle$, $(M=0,\pm 1)$ は縮退し，これらの励起状態と基底状態とのエネルギー差が $2K$ であり，相互作用の強さに対応している．

## 例題 25 の発展問題

**25-1.** スピン $\hat{s}_1, \hat{s}_2$ の2電子系のハミルトニアンが，

$$\hat{H} \equiv \frac{2K}{\hbar^2}\hat{s}_1\cdot\hat{s}_2 - \frac{J}{\hbar}(\hat{s}_{1z} + \hat{s}_{2z}) \quad (J, K > 0, \text{constant})$$

で与えられるとき，合成スピンの大きさ $S$ とその $z$ 成分 $M_S$ をもつ固有状態 $|\chi_{S,M_S}\rangle$ のエネルギー固有値を求め，エネルギーの順番にそれらの結果を図示せよ．ただし，2つの正定数の間には $K > 2J$ の関係があるとする．

## 例題 26 電子のスピン角運動量と軌道角運動量の合成

電子の軌道角運動量演算子（ベクトル）$\hat{\boldsymbol{\ell}}$ とスピン角運動量演算子（ベクトル）$\hat{\boldsymbol{s}}$ から合成される全角運動量演算子（ベクトル）$\hat{\boldsymbol{j}} = \hat{\boldsymbol{\ell}} + \hat{\boldsymbol{s}}$ を考える．

1. $\hat{\boldsymbol{\ell}}^2$ の固有値を $\hbar^2 \ell(\ell+1)$，$\hat{\boldsymbol{s}}^2$ の固有値を $\hbar^2 s(s+1)$ と表し，$\hat{\boldsymbol{j}}^2$ の固有値を $\hbar^2 j(j+1)$ と表すとき，特に，$\ell = 1$ の場合，$j$ の取り得る値を記せ．
2. $\hat{\boldsymbol{\ell}} \cdot \hat{\boldsymbol{s}}$ を $\hat{\boldsymbol{j}}, \hat{\boldsymbol{\ell}}, \hat{\boldsymbol{s}}$ で表す式を求めよ．
3. $\hat{\boldsymbol{\ell}} \cdot \hat{\boldsymbol{s}}$ を，全スピンの固有状態 $|jm\rangle$ に作用させる場合の固有値を求めよ．

## 考え方

$\hat{\boldsymbol{j}} = \hat{\boldsymbol{\ell}} + \hat{\boldsymbol{s}}$ の両辺を 2 乗する（同じベクトルの内積をとる）．軌道角運動量演算子 $\hat{\boldsymbol{\ell}}$ とスピン角運動量演算子 $\hat{\boldsymbol{s}}$ の可換である．角運動量の合成則（ベクトル模型）と角運動量の量子化（離散性）を考慮する．

## ‖解答‖

1. 電子スピン $s = 1/2$ であるから $j = |\ell - 1/2|, \ell + 1/2$ である．ここで，$\ell = 1$ を用いると，$j = 1/2, 3/2$ となる．

2. $$\hat{\boldsymbol{j}}^2 = \hat{\boldsymbol{\ell}}^2 + 2\hat{\boldsymbol{\ell}} \cdot \hat{\boldsymbol{s}} + \hat{\boldsymbol{s}}^2. \tag{5.83}$$
   したがって
   $$\hat{\boldsymbol{\ell}} \cdot \hat{\boldsymbol{s}} = \frac{1}{2}\left(\hat{\boldsymbol{j}}^2 - \hat{\boldsymbol{\ell}}^2 - \hat{\boldsymbol{s}}^2\right) \tag{5.84}$$
   となる．

3. 全角運動量演算子 $\hat{\boldsymbol{j}}$ の固有状態は，$|\psi_{j=\ell+1/2}\rangle$，$|\psi_{j=\ell-1/2}\rangle$ の 2 つがある．これらの固有状態は，$\hat{\boldsymbol{\ell}}$ の固有状態と $\hat{\boldsymbol{s}}$ の固有状態の積の一次結合として書ける．すると，$\hat{\boldsymbol{\ell}}^2|\ell m_\ell\rangle = \hbar^2 \ell(\ell+1)|\ell m_\ell\rangle$，$\hat{\boldsymbol{s}}^2|s m_s\rangle = \hbar^2 s(s+1)|s m_s\rangle$ となるので

**ワンポイント解説**

$$\hat{\boldsymbol{\ell}} \cdot \hat{\boldsymbol{s}} |jm\rangle = \frac{1}{2}\left(\hat{\boldsymbol{j}}^2 - \hat{\boldsymbol{\ell}}^2 - \hat{\boldsymbol{s}}^2\right)|jm\rangle$$
$$= \frac{\hbar^2}{2}\left[j(j+1) - \ell(\ell+1) - \frac{3}{4}\right]|jm\rangle. \quad (5.85)$$

したがって，固有値は $\frac{\hbar^2}{2}\left[j(j+1) - \ell(\ell+1) - \frac{3}{4}\right]$ である．

## 例題 26 の発展問題

**26-1.** 一般に，原子の中の電子は原子核のまわりの軌道角運動量とスピン角運動量をもっている．それらの間には相互作用が生じる．この相互作用のハミルトニアン $\hat{H}_{\mathrm{so}}$ は，$k_{\mathrm{so}}$ を適当な定数，軌道角運動量演算子とスピン角運動量演算子をそれぞれ $\hat{\boldsymbol{\ell}}, \hat{\boldsymbol{s}}$ として，近似的に $\hat{H}_{\mathrm{so}} = (k_{\mathrm{so}}/\hbar^2)\hat{\boldsymbol{\ell}}\cdot\hat{\boldsymbol{s}}$ と表される．

(1) スピン軌道相互作用を摂動と考えて，その1次の摂動エネルギーの差として，スピン軌道分岐 $\Delta E$ を求めよ（数式で表現せよ）．

(2) Na 原子の（電子の）$p$ 状態（$\ell=1$）は2つのエネルギー準位に分かれている（図 5.2）．そのエネルギー差 $\Delta E$ は，基底状態（$s$ 状態,$\ell=0$）への状態遷移に伴う光のスペクトルが 589.592 nm, 588.995 nm の2本に分かれるという形で観測されている．2つのエネルギー準位のエネルギー差を eV 単位で求め，定数 $k_{\mathrm{so}}$ の値を計算せよ．ただし，$h = 6.62607 \times 10^{-34}$ J·s, 1 eV $= 1.60217 \times 10^{-19}$ J, $c = 2.99792 \times 10^{8}$ m/s である．

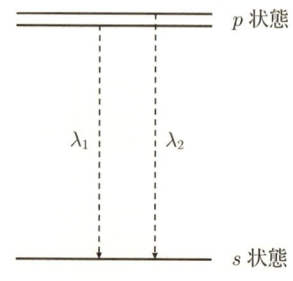

図 5.2: Na スペクトルの2重線

― コラム ―

**スピン軌道相互作用の実例**

原子（元素）の周期律の背景としての多電子原子において，独立粒子模型（殻模型）が成立することはよく知られている．多電子系における殻構造は，原子が芯としての原子核からのクーロン力に支配される量子多体系であるために，理解されやすい（ファインマン物理学 5（量子力学），15 章，岩波書店 (1979)）．原子の中の電子に対する相対論的な効果の 1 つとして，スピン軌道相互作用効果（図 5.3）が存在することもよく知られていて，原子におけるスピン軌道相互作用は励起スペクトルの微細構造の原因の 1 つとして現れる．

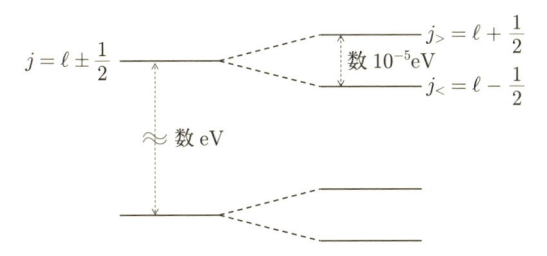

$$j = \ell \pm \frac{1}{2} \quad\quad\quad \begin{array}{l} j_> = \ell + \frac{1}{2} \\ j_< = \ell - \frac{1}{2} \end{array}$$

数 $10^{-5}$ eV

$\approx$ 数 eV

図 5.3: 原子におけるスピン軌道相互作用効果

しかし，陽子どうし，中性子どうし，および両者の間に強い相互作用の働く核子多体系としての原子核においても殻模型が成立し，最初の数個の魔法の数（原子核が安定になる陽子数，中性子数）が説明されたときには人々は大いに驚いた（前掲書）．原子とは異なり，原子核におけるスピン軌道相互作用効果（図 5.4）は非常に重要な役割を果たしている．まず，その効果の向きは，電子の場合には軌道角運動量とスピンが逆向きの状態を低くするが，原子核ではその逆である．次に，その効果の大きさは励起スペクトルの微細構造ではなく，主要な構造とみなせる程度にも達する．実は，陽子数や中性子数が特別な数（魔法数）の原子核がより安定になる理由などを説明するために，原子核におけるスピン軌道相互作用が現象論的に導入されたのである．これは原子核の殻構造に関する発見として，1963 年，マイヤー（Maria Goeppert-Mayer）とイェンゼン（Johannes Hans Daniel Jensen）のノーベル物理学賞受賞につながった．しかし，

その微視的な仕組みについては，相対論的効果，多体相関，3体力などの可能性が研究されているが，現在も十分な理解には達していない．

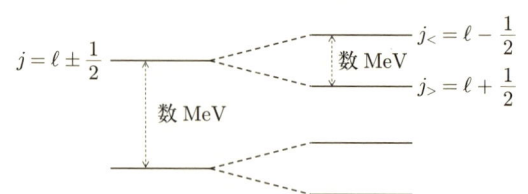

図 5.4: 原子核におけるスピン軌道相互作用効果

## 例題 27　スピン軌道相互作用に対する軌道角運動量とスピン角運動量の非保存

次のハミルトニアン $\hat{H}_{so}$ で与えられるようなスピン軌道相互作用に対して，軌道角運動量演算子 $\hat{\boldsymbol{\ell}}$ とスピン角運動量演算子 $\hat{\boldsymbol{s}}$ とは共に交換しない，すなわち保存しないことを示せ．

$$\hat{H}_{so} \equiv \lambda \hat{\boldsymbol{\ell}} \cdot \hat{\boldsymbol{s}} \quad (\lambda : 定数) \tag{5.86}$$

### 考え方

全角運動量演算子の定義 $\hat{\boldsymbol{j}} = \hat{\boldsymbol{\ell}} + \hat{\boldsymbol{s}}$ を用いて，角運動量演算子の成分ごとに交換関係を計算する．その際，軌道角運動量演算子とスピン演算子は交換することを用いる．スピン軌道相互作用が軌道とスピンについて同等の表現式になっていることに着目する．

### 解答

1. まず軌道角運動量演算子との交換関係を計算する．

$$\begin{aligned}[\hat{\boldsymbol{\ell}} \cdot \hat{\boldsymbol{s}}, \hat{\ell}_x] &= [\hat{\ell}_x \hat{s}_x + \hat{\ell}_y \hat{s}_y + \hat{\ell}_z \hat{s}_z, \hat{\ell}_x] \\ &= [\hat{\ell}_y \hat{s}_y, \hat{\ell}_x] + [\hat{\ell}_z \hat{s}_z, \hat{\ell}_x] \\ &= [\hat{\ell}_y, \hat{\ell}_x]\hat{s}_y + [\hat{\ell}_z, \hat{\ell}_x]\hat{s}_z \\ &= i\hbar \hat{\ell}_y \hat{s}_z - i\hbar \hat{\ell}_z \hat{s}_y. \end{aligned} \tag{5.87}$$

同様に，添え字についての輪環の順 $(x \to y \to z \to x)$ を考慮すれば

$$[\hat{\boldsymbol{\ell}} \cdot \hat{\boldsymbol{s}}, \hat{\ell}_y] = i\hbar \hat{\ell}_z \hat{s}_x - i\hbar \hat{\ell}_x \hat{s}_z,$$
$$[\hat{\boldsymbol{\ell}} \cdot \hat{\boldsymbol{s}}, \hat{\ell}_z] = i\hbar \hat{\ell}_x \hat{s}_y - i\hbar \hat{\ell}_y \hat{s}_x$$

が得られる．スピン軌道相互作用に対して，軌道角運動量演算子 $\hat{\boldsymbol{\ell}}$ は交換しない，すなわち保存しないことが証明された．

2. スピン演算子 $\hat{\boldsymbol{s}}$ との交換関係は，新たに計算する

### ワンポイント解説

必要はなく，前問の結果において，$\hat{\boldsymbol{\ell}}$ と $\hat{\boldsymbol{s}}$ の役割を入れ替えればよい．すなわち

$$[\hat{\boldsymbol{\ell}}\cdot\hat{\boldsymbol{s}}, \hat{s}_x] = i\hbar \hat{s}_y \hat{\ell}_z - i\hbar \hat{s}_z \hat{\ell}_y,$$

$$[\hat{\boldsymbol{\ell}}\cdot\hat{\boldsymbol{s}}, \hat{s}_y] = i\hbar \hat{s}_z \hat{\ell}_x - i\hbar \hat{s}_x \hat{\ell}_z,$$

$$[\hat{\boldsymbol{\ell}}\cdot\hat{\boldsymbol{s}}, \hat{s}_z] = i\hbar \hat{s}_x \hat{\ell}_y - i\hbar \hat{s}_y \hat{\ell}_x.$$

が容易に得られる．スピン軌道相互作用に対して，スピン角運動量演算子 $\hat{\boldsymbol{s}}$ も交換しない，すなわち保存しないことが証明された．

### 例題 27 の発展問題

**27-1.** スピン軌道相互作用に対して全角運動量演算子 $\hat{\boldsymbol{j}} = \hat{\boldsymbol{\ell}} + \hat{\boldsymbol{s}}$ は保存することを示せ．

## 例題 28　CG 係数の漸化式の証明

式 (5.43) を証明せよ.

### 考え方

結合された角運動量状態の式において，全角運動量を元になる角運動量で表わした式を式 (5.43) にそれぞれ作用させる.

### ‖解答‖

まず，上の複号を取った場合を考える．定義式 $\hat{J}_+ = \hat{j}_{1+} + \hat{j}_{2+}$ を結合された角運動量状態の式の両辺に作用させると

$$\sqrt{J(J+1) - M(M+1)}|JM+1\rangle$$
$$= \sum_{m'_1 m'_2} \langle j_1 m'_1 j_2 m'_2 | JM\rangle [\sqrt{j_1(j_1+1) - m'_1(m'_1+1)}$$
$$\times |j_1, m'_1+1\rangle |j_2, m'_2\rangle$$
$$+ \sqrt{j_2(j_2+1) - m'_2(m'_2+1)}|j_1, m'_1\rangle |j_2, m'_2+1\rangle]$$
$$\tag{5.88}$$

となる．両辺に状態の直積 $\langle j_1 m_1|\langle j_2 m_2|$ をかけると

$$\sqrt{J(J+1) - M(M+1)}\langle j_1 m_1 j_2 m_2 | JM+1\rangle$$
$$= \sum_{m'_1 m'_2} \langle j_1 m'_1 j_2 m'_2 | JM\rangle [\sqrt{j_1(j_1+1) - m'_1(m'_1+1)}$$
$$\times \langle j_1 m_1 | j_1, m'_1+1\rangle \langle j_2 m_2 | j_2, m'_2\rangle$$
$$+ \sqrt{j_2(j_2+1) - m'_2(m'_2+1)}\langle j_1 m_1 | j_1, m'_1\rangle$$
$$\times \langle j_2 m_2 | j_2, m'_2+1\rangle]$$
$$\tag{5.89}$$

となる．ここで，角運動量の固有状態の規格直交性を用いて

### ワンポイント解説

・左辺に角運動量の結合状態の式を用いる

$$\sqrt{J(J+1)-M(M+1)}\langle j_1 m_1 j_2 m_2|JM+1\rangle$$
$$=\sqrt{j_1(j_1+1)-m_1(m_1-1)}\langle j_1, m_1-1, j_2, m_2|JM\rangle$$
$$+\sqrt{j_2(j_2+1)-m_2(m_2-1)}\langle j_1, m_1, j_2, m_2-1|JM\rangle$$
$$\tag{5.90}$$

となり，上の複号の場合の漸化式が証明された．同様に，下の複号を取った場合の漸化式も証明される．

### 例題 28 の発展問題

**28-1.** CG 係数は，その漸化式と直交規格性がすべて計算できることを示せ．

## 例題 29　CG 係数の直交規格性

$j_2 = 1/2$ の CG 係数の公式を用いて直交規格性が成り立つことを示せ．

### 考え方

$j_2 = 1/2$ の場合，$m_2$ の値は $\pm 1/2$ が可能である．$J$ の値は $j_1 \pm 1/2$ が可能である．

### ‖解答‖

1. まず規格性を示す．

$$\sum_{m_2=\pm 1/2} \langle j_1, m_1, \frac{1}{2}, m_2 | j_1 + \frac{1}{2}, M \rangle^2$$
$$= \frac{j_1 + M + \frac{1}{2}}{2j_1 + 1} + \frac{j_1 - M + \frac{1}{2}}{2j_1 + 1} = 1, \quad (5.91)$$

$$\sum_{m_2=\pm 1/2} \langle j_1, m_1, \frac{1}{2}, m_2 | j_1 - \frac{1}{2}, M \rangle^2$$
$$= \frac{j_1 - M + \frac{1}{2}}{2j_1 + 1} + \frac{j_1 + M + \frac{1}{2}}{2j_1 + 1} = 1. \quad (5.92)$$

2. 次に，直交性を確認する．

$$\sum_{m_2=\pm 1/2} \langle j_1, m_1, \frac{1}{2}, m_2 | j_1 + \frac{1}{2}, M \rangle$$
$$\times \langle j_1, m_1, \frac{1}{2}, m_2 | j_1 - \frac{1}{2}, M \rangle$$
$$= \langle j_1, m_1, \frac{1}{2}, \frac{1}{2} | j_1 + \frac{1}{2}, M \rangle$$
$$\times \langle j_1, m_1, \frac{1}{2}, \frac{1}{2} | j_1 - \frac{1}{2}, M \rangle$$
$$+ \langle j_1, m_1, \frac{1}{2}, -\frac{1}{2} | j_1 + \frac{1}{2}, M \rangle$$
$$\times \langle j_1, m_1, \frac{1}{2}, -\frac{1}{2} | j_1 - \frac{1}{2}, M \rangle$$

**ワンポイント解説**

$$= \sqrt{\frac{j_1 + M + \frac{1}{2}}{2j_1 + 1}} \times (-1)\sqrt{\frac{j_1 - M + \frac{1}{2}}{2j_1 + 1}}$$
$$+ \sqrt{\frac{j_1 - M + \frac{1}{2}}{2j_1 + 1}} \times \sqrt{\frac{j_1 + M + \frac{1}{2}}{2j_1 + 1}} = 0. \tag{5.93}$$

### 例題 29 の発展問題

**29-1.** $j_1 = j_2 = 1/2$ に対する簡単な場合の CG 係数の公式を用いて次の値を確認せよ．

(1) $\langle 1/2, 1/2, 1/2, 1/2 | 1, 1 \rangle = 1$.
(2) $\langle 1/2, -1/2, 1/2, 1/2 | 1, 0 \rangle = \frac{1}{\sqrt{2}}$.
(3) $\langle 1/2, 1/2, 1/2, -1/2 | 1, 0 \rangle = \frac{1}{\sqrt{2}}$.
(4) $\langle 1/2, -1/2, 1/2, 1/2 | 0, 0 \rangle = -\frac{1}{\sqrt{2}}$.

### 第 5 章の参考図書

[5-1] 後藤憲一ほか，『詳解 理論・応用量子力学演習』，共立出版 (1992)．特に，5 章．簡潔にかつ多くの現代的話題にも言及されている．

[5-2] M.E. ローズ，『角運動量の基礎理論』，みすず書房 (1974)．

[5-3] C. Cohen-Tannoudji, B. Diu, F. Laloe, *Quantum Mechanics*, (2 vol. set), Wiley-Interscience; 2 Volume Set 版 (1992)．特に，10 章に詳しい説明がある．

[5-4] D. A. Varshalovich, A. N. Moskalev, V. K. Khersonskii, *Quantum Theory of Angular Momentum*, World Scientific, (1988)．角運動量についての多くの公式が記されている．研究目的には非常に実用的である．

重要度 ★★★

# 6 荷電粒子と電磁場の相互作用

―《 内容のまとめ 》―

外部電磁場内の荷電粒子に対するシュレディンガー方程式

　量子力学において，角運動量が初めて実験的に観測されたのは原子と外部電磁場との相互作用を通じてであった．電磁場を量子力学で扱うとき，ベクトルポテンシャル $\bm{A} = \bm{A}(\bm{r},t)$ とスカラーポテンシャル $\phi = \phi(\bm{r},t)$ を用いると便利である．これらの量を用いると，電場 $\bm{E}$ と磁束密度 $\bm{B}$ は

$$\bm{E} = -\frac{\partial \bm{A}}{\partial t} - \nabla \phi, \ \bm{B} = \nabla \times \bm{A} \tag{6.1}$$

で与えられる．

　質量 $m$，電荷 $q$ の荷電粒子が外部電磁場 $(\bm{A},\phi)$ の中にいて，電磁場以外にも中心力のポテンシャル $V = V(\bm{r})$ が働く場合，運動量が $\bm{p}$ のとき，古典的なハミルトニアン $H$ は

$$H = \frac{1}{2m}\left(\bm{p} - q\bm{A}\right)^2 + q\phi + V \tag{6.2}$$

と書ける．ここで，単位系としては MKSA (SI) 単位系を採用した．ベクトルポテンシャルとして，一定の磁束密度 $\bm{B}$ を与える

$$\bm{A} = \frac{1}{2}\bm{B} \times \bm{r} \tag{6.3}$$

を選ぶと，

$$H = \frac{1}{2m}\boldsymbol{p}^2 - \frac{1}{m}\boldsymbol{p}\cdot q\boldsymbol{A} + \frac{1}{2m}\left(q\boldsymbol{A}\right)^2 + q\phi + V. \tag{6.4}$$

ここで，軌道角運動量 $\boldsymbol{\ell}$ を用いて

$$\boldsymbol{p}\cdot\boldsymbol{A} = \frac{1}{2}\boldsymbol{p}\cdot(\boldsymbol{B}\times\boldsymbol{r}) = \frac{1}{2}\boldsymbol{B}\cdot\boldsymbol{\ell} \tag{6.5}$$

であることを考慮し，磁束密度が小さいと考えて，その1次の項まで考慮すると，ハミルトニアンは近似的に

$$H = \frac{1}{2m}\boldsymbol{p}^2 + q\phi + V - \frac{q}{2m}\boldsymbol{A}\cdot\boldsymbol{p} = H_0 + H_1 \tag{6.6}$$

と書ける．ただし，$H_0$ は磁束密度がない場合のハミルトニアンであり，$H_1$ は荷電粒子の軌道運動と外部磁場との相互作用ハミルトニアンとよばれる．

次に，量子化を行う．すなわち

$$\hat{H}_0 \equiv \frac{1}{2m}\hat{\boldsymbol{p}}^2 + q\phi + V, \tag{6.7}$$

$$\hat{H}_1 \equiv -\frac{q}{2m}\hat{\boldsymbol{B}}\cdot\hat{\boldsymbol{\ell}} \tag{6.8}$$

のように，演算子で表現される．粒子と電磁場と相互作用としては，原子核と電子の間のクーロン力など $V$ と $\hat{H}_1$ の両者があるが，通常の場合，電気的相互作用に比べて，磁場との相互作用は弱いので摂動として扱うことに注意する．

**量子力学における磁気モーメント**

一定の磁束密度 $\boldsymbol{B}$ のもとで，磁気モーメント $\boldsymbol{\mu}$ をもつ小磁石を無限遠方から，ある位置に移動させる仕事は近似的に $-\boldsymbol{\mu}\cdot\boldsymbol{B}$ となるので，この小磁石のもつ磁気的エネルギーは $-\boldsymbol{\mu}\cdot\boldsymbol{B}$ となる．

電子のように，スピンをもった粒子は軌道運動とは関係ない固有の磁気モーメントをもっていると考えられる．これを，固有磁気モーメントまたはスピン磁気モーメントという．軌道運動に起因する磁気モーメントが軌道角運動量に比例するので，スピン磁気モーメントもスピン演算子に比例すると考えて，比例定数を $\mu_s$ として，スピン磁気モーメント演算子を $\mu_s \hat{\boldsymbol{s}}/\hbar$ とおく．

量子力学では，その系の運動を決めるハミルトニアンが古典的なエネルギー

に相当するので，外部磁場中の 1 粒子系のハミルトニアン $\hat{H}$ が，無摂動ハミルトニアン $\hat{H}_0$ と，外部磁場による摂動ハミルトニアンの 1 次の項までとって

$$\hat{H} = \hat{H}_0 - \hat{\boldsymbol{\mu}} \cdot \hat{\boldsymbol{B}} \tag{6.9}$$

と表されるとき，$\hat{\boldsymbol{\mu}}$ をその粒子の磁気モーメント（演算子）という．

式 (6.8) も用いると，$\hat{\boldsymbol{\mu}}$ は軌道角運動量 $\hat{\boldsymbol{\ell}}$ に比例する部分とスピン角運動量 $\hat{\boldsymbol{s}}$ に比例する部分からなり，次のように書ける．

$$\hat{\boldsymbol{\mu}} = \mu_\ell \hat{\boldsymbol{\ell}}/\hbar + \mu_s \hat{\boldsymbol{s}}/\hbar. \tag{6.10}$$

式 (6.10) の第 1 項は軌道運動による磁気モーメントで，質量 $m$，電荷 $q$ の粒子においては

$$\boldsymbol{\mu}_\ell = \frac{q\hbar}{2m} \tag{6.11}$$

となる．ここで，$|q|\hbar/2m$ をこの粒子の磁子（magneton）といい，磁気モーメントはこの値を基準として表されることが多い．電子の場合にはボーア磁子とよばれ，$\mu_B$ と表される．電子の質量を $m_e$ として $\mu_B \equiv e\hbar/2m_e$ である．また，陽子の場合には核磁子（nuclear magneton）とよばれ，$\mu_N$ と表される．陽子の質量を $m_p$ として，$\mu_N \equiv e\hbar/2m_p$ である．粒子の質量比より，$\mu_N$ は $\mu_B$ の約 1840 分の 1 であるので，原子の磁性への効果を評価する場合には無視してもよい．

式 (6.10) の第 2 項はスピンに起因する磁気モーメントであり，内部自由度としてのスピンは，すでに説明したように，相対論的な波動方程式から導出される．

一般に，質量 $m$，電荷の大きさ $q$ の粒子がスピンまたは軌道運動の角運動量の大きさ $J$ をもつとき，それに伴う磁気モーメントの大きさ $\mu$ が

$$\mu = g\left(\frac{|q|}{2m}\right)J \tag{6.12}$$

と表される．ここで，$g$ を g 因子（g-factor）という．また，$g|q|/2m \equiv \gamma$ と記せば，$\mu = \gamma\hbar(J/\hbar)$，すなわち，磁気モーメントと角運動量の比を与えるので，磁気回転比とよばれる．

電子の軌道角運動量に対しては $g_\ell = 1$, スピンに対しては $g_s \approx 2$ である. すなわち, スピン角運動量と軌道角運動量が磁気モーメントを生じる寄与は約 $2:1$ である. しかし, 陽子の場合には $g_s = 2.79$, 中性子の場合には, 電荷がないにもかかわらず, $g_s = -1.91$ である.

磁気モーメントは磁性の根源であって, 巨視的な物質の磁気的性質は構成粒子からの寄与の合成によって生じる. 磁気モーメントが粒子の質量に反比例するので, 電子の寄与は核子 (陽子, 中性子) の寄与の約 1800 倍である. さらに, 電子の軌道角運動量による磁気モーメントは全体としてほとんど相殺することがわかっている. したがって, 巨視的な物質の磁気的性質は主として, 相対論的起源をもつ電子のスピン (スピン間の相互作用) によって決定され, その仕組みの理解は物性物理学 (または凝縮系物理学) の問題である. 他方, 核子の多体系としての原子核の磁気モーメントの値の理解は原子核物理学の問題である. 基本粒子であるクォークの複合体としての陽子や中性子の磁気モーメントの値が, なぜ電子の場合と大きく異なるのかを理解することはハドロン物理学の問題である.

### ゼーマン効果

原子が外部の磁場内に置かれた場合, 電子のエネルギー・スペクトルの縮退が解ける効果を以下のように考える. 最初に, スピン自由度がない場合を考える. 通常行われるように, 外部磁場の方向を $z$ 軸方向に選ぶと $\boldsymbol{B} = (0, 0, B)$ となる. 図 B.3 (後述) に示すように, 軌道角運動量の演算子の $z$ 成分の固有値 $m_\ell$ の値 ($\hbar$ 単位) に応じて, $(2\ell+1)$ 重の縮退が解けて, 奇数個 $(2\ell+1)$ 本のスペクトルが現れる. エネルギー準位の分岐の大きさ $\mu_\mathrm{B} B$ をゼーマン・エネルギー, この効果を正常ゼーマン効果という. 水素原子やアルカリ土金属は正常ゼーマン効果を示す.

他方, アルカリ金属のスペクトルは磁場中でさらに偶数本に分かれ, エネルギー間隔も等しくない. これが異常ゼーマン効果である. これは磁気モーメントが軌道角運動量だけではなく, スピンにも依存する場合である. 磁場がないときは, 実は $2(2\ell+1)$ 重に縮退している. $\ell = 0$ の場合にも 2 重に縮退している. しかし, 磁場があると図 B.4 (後述) の $\ell = 1$ のように, 異常ゼーマン

効果によるエネルギー準位の分岐が現れる．

**外部磁場内の磁気モーメントの運動**

　磁気モーメントまたはスピンをもった量子的粒子が磁場内にある場合，以下の説明するような現象が起こり，原子核の磁性に基づく核磁気共鳴など種々の測定にも使用される．

**核スピン，磁気モーメント，磁化ベクトル**

　原子核中の陽子や中性子（核子と総称）のエネルギー的配位は，原子核の基底状態では，原子を構成する電子と同じように，エネルギーの低い順番から配置される．これを原子核における殻構造という．このとき，核子の全角運動量の向きが相殺してゼロになるように配列されるので，陽子数 $Z$ と中性子数 $N$ が両方とも偶数の場合には，原子核全体の全角運動量はゼロとなる．しかし，$Z$ または $N$ のどちらかまたは両方とも奇数の場合には，全角運動量はゼロにはならない．核子はフェルミ粒子であるから，$\hbar$ を単位として，半整数のスピンをもつ．したがって，$Z$ と $N$ のどちらかが奇数である場合，全角運動量は半整数倍であり，両方とも奇数である場合，整数倍である．

　角運動量がゼロでなければ，その原子核は極小な磁石となり，磁気モーメントをもつ．簡単のために，まず，古典論で説明する．説明の都合上，磁気モーメント $\boldsymbol{\mu}$ を $\boldsymbol{\mu} = \gamma \boldsymbol{J} = \gamma \hbar \boldsymbol{I}$, $(\boldsymbol{J} = \hbar \boldsymbol{I})$ と書く（$\gamma$：磁気回転比）．

　原子核の磁気モーメントは，通常は乱雑な方向を向いていて，そのベクトル和 $\boldsymbol{M}$ は相殺して無視できる．しかし，外部から静磁場を加えると，その一部は磁場の方向に整列し，それらは合成されて観測可能な大きさとなる．この値を単位体積あたりにしたものを，磁化ベクトルという．

**静磁場内の磁気モーメント-ラーモア歳差運動，共鳴周波数**

　磁場 $\boldsymbol{B}$ 中で原子核の磁気モーメントは，一般に，$\boldsymbol{B}$ の向き（$z$ 軸向きとする）からやや傾いていて，$z$ 軸のまわりを回転する．この運動を，ラーモア歳差運動（Larmor precession）といい，その回転周波数 $\omega_0 = \gamma|\boldsymbol{B}_0|$ を，ラーモア周波数（または共鳴周波数）という．

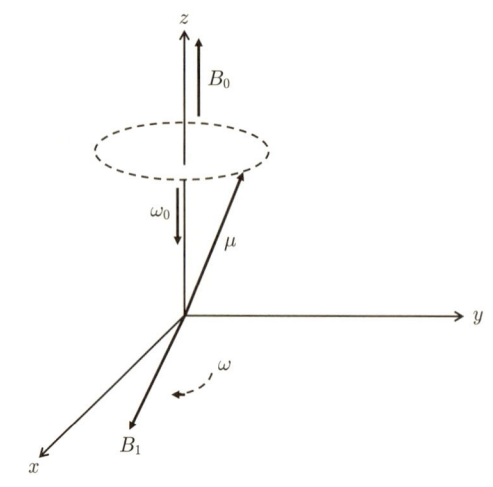

図 6.1: 回転磁場の追加

**励起，磁気共鳴**

図 6.1 のように，静磁場 $\bm{B}_0$ に比べて弱く，$xy$ 面を角速度 $-\omega$ で回転する磁場 $\bm{B}_1$-電磁波-を追加的に加える．$\bm{B}_1$ は，その大きさを $B_1$ とすると

$$\bm{B}_1 = (B_1\cos(\omega t), -B_1\sin(\omega t), 0) \tag{6.13}$$

と与えられる．$\bm{\mu}$ は $\bm{B}_1$ からもトルクを受ける．このとき，静磁場の場合の式 (6.27) と同じように，$\bm{\mu}$ は $\bm{B}_\text{eff} \equiv (\bm{B}_0 + \bm{B}_1 + \bm{\omega}/\gamma)$ で表される有効磁場ベクトルのまわりに，角速度 $\Omega$ で回転する．ここで，$\Omega$ と $\bm{B}_\text{eff}$ の $z$ 軸からの角度 $\theta$ は

$$\Omega \equiv \gamma\sqrt{B_1^2 + (B_0 - \omega/\gamma)^2}, \tag{6.14}$$

$$\tan\theta \equiv \frac{B_1}{B_0 - \omega/\gamma} \tag{6.15}$$

と与えられる．はじめ ($t = 0$)，静磁場 $\bm{B}_0$ の向きを向いていた磁気モーメント $\bm{\mu}$ は，時間の経過とともに $\bm{B}_0$ の向きから離れていく．やがて逆転して，$-\bm{B}_0$ の向きになるのは有効磁場 $\bm{B}_\text{eff}$ が $\bm{B}_0$ と逆向きのときである．$\theta = \pi/2, B_0 = \omega/\gamma, \omega = \gamma B_0 = \omega_0$ のとき，すなわち，共鳴条件が成り立つとき

である.量子力学では,角運動量や磁気モーメントは演算子であり,その固有値は量子化される.$\boldsymbol{B}_0 = (0, 0, B_0)$ で,$\hat{\boldsymbol{I}}$ の $z$ 成分の固有値を $M_I$ とすれば,$M_I = I, I-1, \ldots, -I$ の $(2I+1)$ 個の値のみが許される.簡単のために,$I = 1/2$ の場合を考えると,$M_I = -1/2, 1/2$ である.古典的には,磁気モーメントによるエネルギー変化は $\Delta E = -\boldsymbol{\mu} \cdot \boldsymbol{B}_0$ であるが,量子力学では摂動エネルギー $\Delta E = -\gamma \hbar M_I B_0$ となる.すなわち,エネルギー準位の縮退が解けて,エネルギー $\pm \gamma \hbar B_0 / 2$ の2つの準位に分岐する.分岐した準位のエネルギー差のエネルギーをもつ電磁波(光子)を加えると,系は下の準位から上の準位へ遷移する.

この電磁波(光子)の周波数 $\omega$ は $\hbar \omega = \gamma \hbar B_0$,すなわち,$\omega = \gamma B_0$ となり,$\omega_0 = \gamma |\boldsymbol{B}_0|$ で与えられる共鳴周波数 $\omega_0$ と一致する.このように,共鳴という述語の起源は実は量子力学的な議論に基づいている.原子核のスピンが,共鳴周波数をもつ光子からエネルギーを吸収すると,系が励起することを核磁気共鳴 (nuclear magnetic resonance, NMR) という(図 6.2).

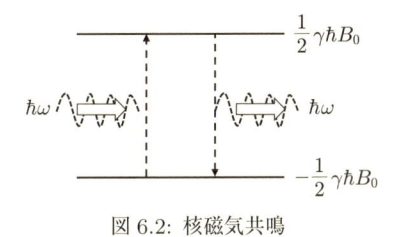

図 6.2: 核磁気共鳴

**磁気緩和現象とブロッホ方程式-縦緩和と横緩和**

磁気モーメントをもつ量子的粒子の集団について考える.一般に,熱平衡状態にある粒子系において,外部から擾乱を加えて平衡状態からずれを起こさせた場合,各粒子は相互作用しながらエネルギーのやり取りをして,やがて平衡状態に落ち着く.このように,平衡状態からずらされた系が平衡状態にもどる現象を緩和 (relaxation) という.平衡状態にもどる,すなわち,緩和する確率の逆数を緩和時間という.緩和時間とは,時間 $t$ に対して $\mathrm{e}^{-t/T}$ の形で時間変化するときの $T$ のことである.

スピンをもつ粒子の集団を考える.$z$ 方向に磁場をかけたとき,磁化ベクト

ル $M$ が生じると，角運動量は $M/\gamma$ で，磁場 $B$ からトルク $M \times B$ を受ける．このとき $M$ は

$$\frac{dM}{dt} = \gamma(M \times B) \tag{6.16}$$

に従って変化しようとする．しかし，各スピン同士は相互作用し，やがて平衡状態における $z$ 方向の磁化 $M_0 = (0, 0, M_0)$ に落ち着く．したがって，磁化ベクトル $M$ は

$$\frac{dM_z}{dt} = \frac{M_0}{T_1} - \frac{M_z}{T_1}, \tag{6.17}$$

$$\frac{dM_x}{dt} = -\frac{M_x}{T_2}, \tag{6.18}$$

$$\frac{dM_y}{dt} = -\frac{M_y}{T_2} \tag{6.19}$$

の形で変化するであろう．$T_1$ を縦緩和時間（スピン・格子緩和時間），$T_2$ を横緩和時間（スピン・スピン緩和時間）という．ブロッホは，これらの作用を総合して次の運動方程式を現象論的に導入した．

$$\frac{dM_x}{dt} = \gamma(M \times B)_x - \frac{M_x}{T_2}, \tag{6.20}$$

$$\frac{dM_y}{dt} = \gamma(M \times B)_y - \frac{M_y}{T_2}, \tag{6.21}$$

$$\frac{dM_z}{dt} = \gamma(M \times B)_z - \frac{(M_z - M_0)}{T_1}. \tag{6.22}$$

これをブロッホ方程式という．ここで，2つの緩和時間を無限大にする，すなわち，緩和がないとすると，ブロッホ方程式は式 (6.16) に帰着する．

## 例題 30　ラーモア歳差運動

角運動量についての回転の運動方程式を用いて，外部磁場 $B$ が一定値 $B_0$（静磁場）のとき，磁気モーメントが角速度ベクトル $\omega_0 = -\gamma B_0$ で回転することを示せ．

### 考え方

角速度ベクトル $\omega$ の向きの軸のまわりで，その大きさの角速度で回転する座標系を考えると，任意のベクトル $A$ の時間微分は

$$\frac{dA}{dt} = \frac{\delta A}{\delta t} + \omega \times A \tag{6.23}$$

と表される．$\delta A/\delta t$ はこの回転座標系における時間微分（みかけの時間微分）を表し，右辺第 2 項は回転の効果を意味する．

### ‖解答‖

磁気モーメント $\mu$ をもつ粒子が，外部磁場 $B$ の中にいる場合，角運動量ベクトルについての回転の運動方程式

$$\frac{dJ}{dt} = \mu \times B \tag{6.24}$$

となる．この式 (6.24) は磁気モーメント・ベクトルについての方程式

$$\frac{d\mu}{dt} = \gamma \mu \times B \tag{6.25}$$

に書き直せる．

一般のベクトルの時間微分の公式を，磁気モーメント・ベクトルに適用すると

$$\frac{d\mu}{dt} = \frac{\delta \mu}{\delta t} + \omega \times \mu \tag{6.26}$$

が得られる．式 (6.25) と式 (6.26) より

**ワンポイント解説**

・静磁場からトルク（力のモーメント）$\mu \times B$ を受ける．

・式 (6.24) から $J$ を消去．

$$\frac{\delta\boldsymbol{\mu}}{\delta t} = \gamma\boldsymbol{\mu}\times\boldsymbol{B} - \boldsymbol{\omega}\times\boldsymbol{\mu}$$
$$= \gamma\boldsymbol{\mu}\times(\boldsymbol{B}+\boldsymbol{\omega}/\gamma) \quad (6.27)$$

となる．外部磁場 $\boldsymbol{B}$ が，一定値 $\boldsymbol{B}_0$（静磁場）のとき，$\boldsymbol{\omega}$ として $\boldsymbol{\omega}_0 \equiv -\gamma\boldsymbol{B}_0$ と選ぶと，$d'\boldsymbol{\mu}/d't = 0$，すなわち，この回転座標系では磁気モーメントが一定となる．したがって，図 6.3 に示すように，実験室系（静止座標系）から見ると，磁気モーメントは，角速度ベクトル $\boldsymbol{\omega}_0 = -\gamma\boldsymbol{B}_0$ で回転することになる．

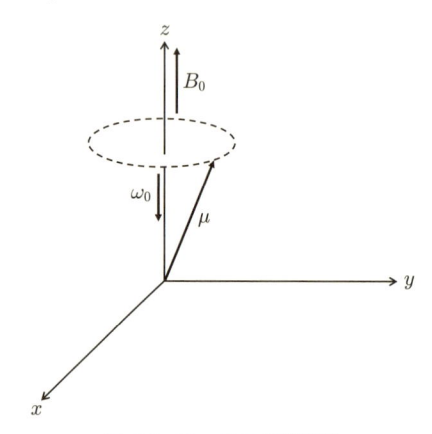

図 6.3: ラーモア歳差運動

## 例題 30 の発展問題

**30-1.** 正常ゼーマン効果：スピンを無視する場合，$m_\ell$ の値に応じて，$(2\ell+1)$ 重の縮退が解けて，奇数個 $(2\ell+1)$ 本のスペクトルが現れることを示せ．

**30-2.** 異常ゼーマン効果：スピン自由度まで考慮すると，$m_\ell$ と $m_s$ の値に応じて，$2(2\ell+1)$ 重の縮退が解けて，偶数本のスペクトルが現れることを示せ．

**30-3.** 微分方程式 (6.17)-(6.19) について，初期条件 $M_x(t=0) = M_{x0}, M_y(t=0) = M_{y0}, M_z(t=0) = M_{z0}$ のもとで，特殊解を求めよ．

---コラム---

**開放量子系とブロッホ方程式**

ブロッホ方程式における2つの緩和時間について，これまでの実験では，例外なく，$T_1 \geq 2T_2$ であることが知られている．現象論的に導入されたブロッホ方程式は，近年，環境系（熱浴）の中の対象系，すなわち，開放量子系の中の対象系に縮約された量子力学的な方程式（Lindblat 方程式）の2準位系の場合と等価であることが証明された．そして，非常に一般性のある仮定のもとで，$T_1 \geq 2T_2$ であることが証明されている．ちなみに，シュレディンガー方程式は閉鎖量子系に対する方程式である．また，最近，核磁気共鳴は量子コンピュータの物理的実現法の1つとして考えられている．縦緩和（スピン格子緩和）はエネルギー散逸に対応し，横緩和（スピン・スピン緩和）は位相ダンピングに対応する．位相ダンピングは，日常生活に量子力学的な重ね合わせ状態が存在しないことと関連があるのではないかという議論もある．

## 第6章の参考図書

[6-1] 後藤憲一ほか，『詳解 理論・応用 量子力学演習』，共立出版 (1992)．特に，5章．簡潔にかつ多くの現代的話題にも言及されている．ただし，電磁場の単位系はガウス単位系を採用しているので，数式表現の一部に光速 $c$ が付くことに注意する．

[6-2] A. Abragam, *Principle of Nuclear Magnetism*, Clarendon Press, Oxford (1963). アブラガム 著，富田和久・田中基之 共訳，『核の磁性（上・下）』，吉岡書店 (1964).

[6-3] M. A. Nielsen and I. L. Chuang 著，木村達也 訳，『量子コンピュータと量子通信 2, 3』，オーム社 (2004). 7.7 核磁気共鳴，8.3.6 位相ダンピング，8.4.1 マスタ方程式が参考になる．

[6-4] G. Kimura, Physical Review A, Vol.66, No.6, pp.62113-062113, (2002).

重要度
★★★

# A 付録

　ディラック（P.A.M. Dirac）が導入したブラケット表記を用いてベクトル，関数，行列，演算子の性質を見直してみる．このブラケット表記を用いれば，ベクトル，関数，行列，演算子が共通の形式で美しく定式化できる．ブラケット表記は一見，極めて抽象的に見えるが，いったんこれに習熟すれば，捨てがたいほどに有用であることがすぐわかる．それだけではなく，ベクトル，関数，行列，演算子の理解を深めることにもなるであろう．

―――――《 ベクトルのブラケット表記 》―――――

ブラベクトル，ケットベクトル

　$x,y,z$ 軸方向の単位ベクトル（$\boldsymbol{i},\boldsymbol{j},\boldsymbol{k}$）-基底ベクトル系とよぶ-を考える．ベクトルは矢印をもつ線分のような幾何学的表記としてだけではなく，列ベクトル（column vector）として表すことができる．種々の一般化を可能にするために，$x,y,z$ 成分の代わりに 1,2,3 成分などと表記する．ケットベクトル（ket vetor）$|\ \rangle$ を導入して次のように表現する．

$$\boldsymbol{i} \equiv |e_1\rangle \equiv \begin{bmatrix} 1 \\ 0 \\ 0 \end{bmatrix} = [1,0,0]^T, \tag{A.1}$$

$$\boldsymbol{j} \equiv |e_2\rangle \equiv \begin{bmatrix} 0 \\ 1 \\ 0 \end{bmatrix} = [0,1,0]^T, \tag{A.2}$$

$$\boldsymbol{k} \equiv |e_3\rangle \equiv \begin{bmatrix} 0 \\ 0 \\ 1 \end{bmatrix} = [0,0,1]^T. \tag{A.3}$$

添字 $T$ は転置 (transpose) を意味する．次に，単位ベクトルに対応する行ベクトルをブラベクトル (bra vector) として定義する．

$$\langle e_1| \equiv [1,0,0], \tag{A.4}$$

$$\langle e_2| \equiv [0,1,0], \tag{A.5}$$

$$\langle e_3| \equiv [0,0,1]. \tag{A.6}$$

この表現が妥当であることは，$\boldsymbol{i}, \boldsymbol{j}, \boldsymbol{k}$ についての内積を計算すれば容易に理解できよう．

$$\boldsymbol{i} \cdot \boldsymbol{i} = 1 \quad \rightarrow \quad \langle e_1|e_1\rangle = [1,0,0][1,0,0]^T = 1, \tag{A.7}$$

$$\boldsymbol{i} \cdot \boldsymbol{j} = 0 \quad \rightarrow \quad \langle e_1|e_2\rangle = [1,0,0][0,1,0]^T = 0. \tag{A.8}$$

括弧 $\langle\ \rangle$ (bracket) を，c を除いて 2 つに分割したのがブラベクトル (bra vetor) $\langle\ |$ とケットベクトル (ket vetor) $|\ \rangle$ である．ほかの組み合わせも同様に計算できる．このように定義されたブラベクトル，ケットベクトルを用いれば，3 次元空間の基底ベクトル系の直交規格性は次のように簡潔に表すことができる．

$$\langle e_i|e_j\rangle = \delta_{ij},\ (i,j = 1,2,3). \tag{A.9}$$

ここで，$\delta_{ij}$ は次式で定義されるクロネッカーのデルタ記号である．

$$\delta_{ij} \equiv \begin{cases} 1 & \text{if } i = j, \\ 0 & \text{if } i \neq j. \end{cases} \tag{A.10}$$

成分の値が複素数である一般の場合を想定して，ベクトルの内積を一般化する．3 次元空間において任意のベクトル $|A\rangle$ を一般には複素数となる成分で表記する．言い換えれば，基底ベクトル系 $\{|e_i\rangle, i = 1,2,3\}$ で次のように展開する．

$$|A\rangle = A_1|e_1\rangle + A_2|e_2\rangle + A_3|e_3\rangle$$
$$= \sum_{j=1}^{3} A_j|e_j\rangle. \tag{A.11}$$

この列ベクトルの共役ベクトルを次のように定義する.

$$\langle A| = A_1^*\langle e_1| + A_2^*\langle e_2| + A_3^*\langle e_3|$$
$$= \sum_{j=1}^{3} A_j^*\langle e_j|. \tag{A.12}$$

共役ベクトルの成分を複素共役にするべきことは，列ベクトルが1列しか行列要素をもたない列行列（column matrix）であり，行ベクトルが1行しか行列要素をもたない行行列（row matrix）であること，および共役行列（adjoint matrix）の定義を考えると納得できるであろう．2つのベクトル $\boldsymbol{A} = |A\rangle = [A_1, A_2, A_3]^T = A_1|e_1\rangle + A_2|e_2\rangle + A_3|e_3\rangle$ と $\boldsymbol{B} = |B\rangle = [B_1, B_2, B_3]^T = B_1|e_1\rangle + B_2|e_2\rangle + B_3|e_3\rangle$ の内積は

$$\langle A|B\rangle = [A_1^*, A_2^*, A_3^*][B_1, B_2, B_3]^T$$
$$= A_1^*B_1 + A_2^*B_2 + A_3^*B_3 \tag{A.13}$$

のように表される．このように定義された内積の値は一般には複素数であり，この複素共役をとると

$$\langle A|B\rangle^* = A_1 B_1^* + A_2 B_2^* + A_3 B_3^*$$
$$= B_1^* A_1 + B_2^* A_2 + B_3^* A_3$$
$$= \langle B|A\rangle \tag{A.14}$$

であることがわかる．したがって，同じベクトルの内積は

$$\langle A|A\rangle = [A_1^*, A_2^*, A_3^*][A_1, A_2, A_3]^T$$
$$= |A_1|^2 + |A_2|^2 + |A_3|^2 \tag{A.15}$$

のように実数となり，通常のベクトルの大きさの2乗の定義を含む.

## 射影演算子と基底ベクトル系の完全性

式 (A.1)-(A.6) を用いて，ケット・ブラを計算してみる．

$$|e_1\rangle\langle e_1| = \begin{bmatrix} 1 \\ 0 \\ 0 \end{bmatrix} [1,0,0] = \begin{bmatrix} 1 & 0 & 0 \\ 0 & 0 & 0 \\ 0 & 0 & 0 \end{bmatrix} \quad (A.16)$$

ほかも同様に計算できる．式 (A.11) の左辺からブラベクトル $\langle e_i|$ との内積をとれば

$$\langle e_i|A\rangle = \sum_{j=1}^{3} A_j \langle e_i|e_j\rangle \quad (A.17)$$

となる．右辺において基底ベクトルの直交規格性 (A.9) を用いれば

$$\langle e_i|A\rangle = A_i \quad (A.18)$$

となる．この式 (A.18) は次のように表される．

$$\sum_{i=1}^{3} A_i |e_i\rangle = \sum_{i=1}^{3} |e_i\rangle\langle e_i|A\rangle \quad (A.19)$$

ここで

$$|e_i\rangle\langle e_i| \equiv \hat{P}_i, \ (i=1,2,3) \quad (A.20)$$

と定義すると次のような性質をもつ．

$$\hat{P}_i^2 = \hat{P}_i, \quad (A.21)$$

$$\hat{P}_i|A\rangle = A_i|e_i\rangle. \quad (A.22)$$

この $\hat{P}_i$ は，ベクトル $|A\rangle$ から $i$ 番目の成分とその向きの基底ベクトルだけを取り出す働きがあることがわかる．この演算子を射影演算子（projection operator）とよぶ．

今考えているベクトルは任意であることを考えると，ケットベクトル，ブラ

ベクトルの積について次の関係式が成立する.

$$\sum_{i=1}^{3} |e_i\rangle\langle e_i| = \sum_{i=1}^{3} \hat{P}_i$$

$$= \begin{bmatrix} 1 & 0 & 0 \\ 0 & 0 & 0 \\ 0 & 0 & 0 \end{bmatrix} + \begin{bmatrix} 0 & 0 & 0 \\ 0 & 1 & 0 \\ 0 & 0 & 0 \end{bmatrix} + \begin{bmatrix} 0 & 0 & 0 \\ 0 & 0 & 0 \\ 0 & 0 & 1 \end{bmatrix}$$

$$= \begin{bmatrix} 1 & 0 & 0 \\ 0 & 1 & 0 \\ 0 & 0 & 1 \end{bmatrix} \tag{A.23}$$

となり,結果は次のようにまとめられる.

$$\sum_{i=1}^{3} |e_i\rangle\langle e_i| = \hat{1}^{(3)}. \tag{A.24}$$

この関係式は,その一般の場合への拡張に際して,非常に強力であることが後にわかるであろう.最後の項 $\hat{1}^{(3)}$ は,$(3\times3)$ 行列の単位行列の意味であり,単位ダイアディック (dyadic) とよばれることもあるが,特にことわらない限り,単純に 1 と記されることが多い.この例のように,3 次元空間における任意のベクトルが基底ベクトルの組 ($|e_1\rangle, |e_2\rangle, |e_3\rangle$) で展開される場合に,この基底ベクトルの組は完全性 (完備性) をもつという.

**線形演算子とその行列表現**

ここで,演算子 (operator) $\hat{O}$ を,あるベクトル $|A\rangle$ に作用して,別のベクトル $|B\rangle$ に変換するものとして定義する.

$$\hat{O}|A\rangle = |B\rangle. \tag{A.25}$$

任意の数 $x, y$ に対して

$$\hat{O}(x|A\rangle + y|B\rangle) = x(\hat{O}|A\rangle) + y(\hat{O}|B\rangle) \tag{A.26}$$

が成立する場合には，その演算子は線形 (linear) であるという．線形演算子 (linear operator) は，すべてのベクトルに対して作用した結果のベクトルがわかっていれば完全に決定される．任意のベクトルは基底 $\{|e_i\rangle, i = 1, 2, 3\}$ の線形結合で表されるので，演算子の基底ベクトルに対する作用を知れば，その演算子は一義的に定められる．ベクトル $\hat{O}|e_i\rangle$ は基底ベクトル $\{|e_i\rangle, i = 1, 2, 3\}$ の線形結合として書ける．その展開係数を $O_{ji}$ とすると

$$\hat{O}|e_i\rangle = \sum_{j=1}^{3} |e_j\rangle O_{ji}, \ (i = 1, 2, 3) \tag{A.27}$$

と書ける．$3 \times 3 = 9$ 個の数 $O_{ji}, (i, j = 1, 2, 3)$ は行列 (matrix) とよばれる，次のような 2 次元の配列に並べることができる．

$$\begin{bmatrix} O_{11} & O_{12} & O_{13} \\ O_{21} & O_{22} & O_{23} \\ O_{31} & O_{32} & O_{33} \end{bmatrix}. \tag{A.28}$$

この行列要素は次のようにして導出できる．すなわち，完全性 (A.24) を用いて

$$\hat{O}|e_i\rangle = \hat{1}^{(3)}\hat{O}|e_i\rangle = \sum_{j=1}^{3} |e_j\rangle\langle e_j|\hat{O}|e_i\rangle, \ (O_{ji} \equiv \langle e_j|\hat{O}|e_i\rangle) \tag{A.29}$$

が得られる．

この行列 (A.28) を基底 $\{|e_i\rangle, i = 1, 2, 3\}$ における，演算子 $\hat{O}$ の表現行列 (matrix representation) という．この行列により，演算子 $\hat{O}$ は任意のベクトルにどのように作用するかを完全に指定できる．したがって，以下，演算子とその表現行列を同じ記号 $\hat{O}$ で表すことにする．

2 つの演算子 $\hat{A}, \hat{B}$ の積である別の演算子 $\hat{C}$ の表現行列は，完全性 (A.24) を用いて

$$\hat{C}|e_j\rangle = \sum_{i=1}^{3} |e_i\rangle\langle e_i|\hat{C}|e_j\rangle = \sum_{i=1}^{3} C_{ij}|e_i\rangle. \ (C_{ij} \equiv \langle e_i|\hat{C}|e_j\rangle) \tag{A.30}$$

となる．一方，完全性 (A.24) を途中で 2 回用いて

$$\hat{A}\hat{B}|e_j\rangle = \sum_{i,k=1}^{3}|e_i\rangle\langle e_i|\hat{A}|e_k\rangle\langle e_k|\hat{B}|e_j\rangle = \sum_{i,k=1}^{3}A_{ik}B_{kj}|e_i\rangle$$
$$= \sum_{i=1}^{3}(\sum_{k=1}^{3}A_{ik}B_{kj})|e_i\rangle \ (A_{ij} \equiv \langle e_i|\hat{A}|e_j\rangle, B_{ij} \equiv \langle e_i|\hat{B}|e_j\rangle) \quad (A.31)$$

となる．式 (A.30) と式 (A.31) を比較すると

$$C_{ij} = \sum_{k=1}^{3} A_{ik}B_{kj} \quad (A.32)$$

が得られる．これは行列の積の定義である．この結果は，完全性 (A.24) を 1 回用いて直接に求めることもできる．

$$C_{ij} = \langle e_i|\hat{C}|e_j\rangle = \langle e_i|\hat{A}\hat{B}|e_j\rangle = \langle e_i|\hat{A}\sum_{k=1}^{3}|e_k\rangle\langle e_k|\hat{B}|e_j\rangle$$
$$= \sum_{k=1}^{3} A_{ik}B_{kj}. \quad (A.33)$$

このように，演算子の積の表現行列は演算子の表現行列の積となる．

## 《 2 つの演算子の同時固有状態が存在する条件 》

2 つの演算子 $\hat{A}, \hat{B}$ の固有値方程式

$$\hat{A}|a\rangle = a|a\rangle, \quad (A.34)$$
$$\hat{B}|b\rangle = b|b\rangle \quad (A.35)$$

を考える．ここで，$a, b$ は固有値で，$|a\rangle, |b\rangle$ はそれぞれの固有値に属する固有状態（ベクトル）とする．次に，第 1 式の左から演算子 $\hat{B}$ を作用させると

$$\hat{B}\hat{A}|a\rangle = a\hat{B}|a\rangle. \quad (A.36)$$

$\hat{A}, \hat{B}$ が交換する場合，第 3 式は次のように書ける．

$$\hat{A}(\hat{B}|a\rangle) = a(\hat{B}|a\rangle). \tag{A.37}$$

この式は，状態ベクトル $(\hat{B}|a\rangle)$ が $\hat{A}$ の固有ベクトルであることを意味し，状態ベクトル $(\hat{B}|a\rangle)$ は $|a\rangle$ に比例する．すなわち，状態ベクトル $|a\rangle$ は $\hat{B}$ の固有ベクトルでもある．

## 《 球面調和関数の直交性と完全性 》

まず，3 次元空間におけるディラックのデルタ関数と極座標表現を与える．

$$\begin{aligned}\delta(\boldsymbol{r} - \boldsymbol{r}') &= \delta(x - x')\delta(y - y')\delta(z - z') \\ &= \frac{1}{r^2 \sin\theta}\delta(r - r')\delta(\theta - \theta')\delta(\phi - \phi').\end{aligned} \tag{A.38}$$

これらは，3 重積分のデカルト座標 $(x, y, z)$ から極座標 $(r, \theta, \phi)$ への変数変換の際に現れるヤコビアンが $r^2 \sin\theta$ であることを考えれば理解しやすい．球面調和関数の直交性と完全性は次のように与えられる．

$$\int_0^{2\pi} d\phi \int_0^{\pi} \sin\theta d\theta Y_{\ell m}^*(\theta, \phi) Y_{\ell' m'}(\theta, \phi) = \delta_{\ell\ell'}\delta_{mm'}, \tag{A.39}$$

$$\sum_{\ell=0}^{\infty} \sum_{m=-\ell}^{\ell} Y_{\ell m}^*(\theta', \phi') Y_{\ell m}(\theta, \phi) = \frac{1}{\sin\theta}\delta(\theta - \theta')\delta(\phi - \phi'). \tag{A.40}$$

球面上の位置に対する固有ケットベクトルの集合 $\{|\theta, \phi\rangle\}$ ($0 \le \theta \le \pi; 0 \le \phi \le 2\pi$) の正規直交基底（完全系）を作る．

$$\langle\theta, \phi|\theta', \phi'\rangle = \frac{1}{\sin\theta}\delta(\theta - \theta')\delta(\phi - \phi'), \tag{A.41}$$

$$\int_0^{2\pi} d\phi \int_0^{\pi} \sin\theta d\theta |\theta, \phi\rangle\langle\theta, \phi| = \hat{1} \tag{A.42}$$

ここで，軌道角運動量演算子 $\hat{\ell}^2, \hat{\ell}_z$ の同時固有状態 $|\ell m\rangle$ を球面調和関数を用いて展開する．

$$|\ell, m\rangle = \int_0^{2\pi} d\phi \int_0^{\pi} \sin\theta d\theta \, Y_{\ell m}(\theta, \phi)|\theta, \phi\rangle. \tag{A.43}$$

すなわち，球面調和関数は球面上の位置に対する固有ケットベクトルと $\hat{\boldsymbol{\ell}}^2, \hat{\ell}_z$ の同時固有状態ベクトルとの内積，$Y_{\ell m}(\theta, \phi) \equiv \langle \theta, \phi | \ell, m \rangle, Y_{\ell, m}^*(\theta, \phi) = \langle \ell, m | \theta, \phi \rangle$ と考える．すると，$\{|\ell m\rangle\} (\ell = 0, 1, \ldots ; m = -\ell, -\ell+1, \ldots, \ell)$ は次のように基底となり，その正規直交性と完全性を考えると

$$\langle \ell, m | \ell', m' \rangle = \delta_{\ell \ell'} \delta_{m m'} \tag{A.44}$$

$$\sum_{\ell=0}^{\infty} \sum_{m=-\ell}^{\ell} |\ell, m\rangle \langle \ell, m| = \hat{1} \tag{A.45}$$

は球面調和関数系の正規直交性と完全性に帰着する．

## 付録の参考図書

[A-1] P.A.M. Dirac, *Quantum Mechanics*, Clarendon (1959). ディラック 著，朝永振一郎 ほか共訳，『量子力學 原書第 4 版』，岩波書店 (1968).

[A-2] A. ザボ, N. S. オストランド 著，大野公男・阪井健男・望月祐志 訳，『新しい量子化学 : 電子構造の理論入門』，東京大学出版会 (1987). 特に，第 1 章.

[A-3] 北野正雄，『量子力学の基礎』，共立出版 (2010). 特に，第 12 章.

重要度
★★

# B 発展問題略解

**1章の発展問題**

**1.1** まず，$\phi$ についての偏微分を

$$\frac{\partial}{\partial \phi} = \frac{\partial x}{\partial \phi}\frac{\partial}{\partial x} + \frac{\partial y}{\partial \phi}\frac{\partial}{\partial y} \tag{B.1}$$

と書き直す．ここで，

$$\frac{\partial x}{\partial \phi} = -r\sin\theta\sin\phi = -y, \tag{B.2}$$

$$\frac{\partial y}{\partial \phi} = r\sin\theta\cos\phi = x \tag{B.3}$$

であることを使って

$$\mathrm{i}\hbar\frac{\partial}{\partial \phi} = \mathrm{i}\hbar\left(x\frac{\partial}{\partial y} - y\frac{\partial}{\partial x}\right) \tag{B.4}$$

となり，題意は示された．

**2.1** 回転子のハミルトニアンは $\hat{H} = \hat{\ell}_z^2/2I$ となり，軌道角運動量演算子と交換可能なので，同時固有状態となる．その固有値方程式は，

$$\hat{H}\Phi(\phi) = E\Phi(\phi) \tag{B.5}$$

と書ける．例題の結果を用いると，固有エネルギーは次のように量子化（離散化）される（図 B.1）．

$$E_{|m|} = \frac{\hbar^2}{2I}m^2, \ (m = 0, \pm 1, \pm 2, \cdots) \tag{B.6}$$

固有エネルギーは $|m|$ の値で決まり，符号の異なる $m$ の値に対して同じである．これを縮退（または縮重）という．

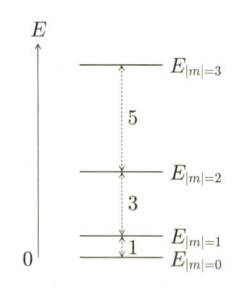

図 B.1: 回転運動の励起スペクトル

**3.1** シュレディンガー方程式，$\hat{H}\psi = E\psi$ において，微分演算を実行すると

$$-\frac{\hbar^2}{2\mu}(R'' + \frac{R'}{r})\Phi + V(r)R\Phi - \frac{\hbar^2}{2\mu}\frac{\Phi''}{r^2}R = ER\Phi \tag{B.7}$$

となる．ここで，次の微分係数記号を用いた．

$$R' \equiv \frac{dR}{dr}, R'' \equiv \frac{d^2R}{dr^2}, \Phi'' \equiv \frac{d^2\Phi}{d\phi^2}. \tag{B.8}$$

式 (B.7) の両辺を $R\Phi$ で割ると

$$-\frac{\hbar^2}{2\mu}\left[\frac{R''}{R} + \frac{R'}{rR}\right] + V(r) - \frac{\hbar^2}{2\mu r^2}\frac{\Phi''}{\Phi} = E \tag{B.9}$$

となる．ここで，左辺第 1 項は $r$ だけの関数であり，右辺は定数項である．変数 $r$ を固定して，独立に変数 $\phi$ を変化させたとき，上式が恒等式として成立するためには左辺第 2 項 $\Phi''/\Phi$ が定数でなければならない．

定数を正値として，$m^2$ とおけば，$\Phi(\phi)$ は $\phi$ の周期関数にならない．

この定数を負値として，$-m^2$ とおく．

$$\frac{d^2\Phi}{d\phi^2} = -m^2\Phi. \tag{B.10}$$

この関数 $\Phi$ は角運動量演算子の $z$ 成分 $\hat{\ell}_z$ の固有関数と同時固有関数になっている．

角運動量演算子の固有関数 $\Phi(\phi)$ の表現を用いると

$$\Phi_m(\phi) = \frac{1}{\sqrt{2\pi}}\exp(im\phi), \ (m = 0, \pm 1, \pm 2, \cdots) \tag{B.11}$$

と書ける．

**3.2** 式 (B.9) は

$$-\frac{\hbar^2}{2\mu}\left[\frac{R''}{R}+\frac{R'}{rR}\right]+V(r)+\frac{\hbar^2}{2\mu r^2}m^2=E \tag{B.12}$$

と書ける．全体の波動関数は

$$\psi(x,y)=R(r)\frac{1}{\sqrt{2\pi}}\exp(\mathrm{i}m\phi),\ (m=0,\pm 1,\pm 2,\cdots) \tag{B.13}$$

と表され，動径波動関数 $R(r)$ は次の微分方程式の解として与えられる．

$$-\frac{\hbar^2}{2\mu}(R''+\frac{R'}{r})+\left[V(r)+\frac{\hbar^2 m^2}{2\mu r^2}\right]R(r)=ER(r). \tag{B.14}$$

**4.1** 演算子 $\hat{A},\hat{B},\hat{C},\hat{D}$ に対する公式

$$[\hat{A}-\hat{B},\hat{C}-\hat{D}]=[\hat{A},\hat{C}]-[\hat{A},\hat{D}]-[\hat{B},\hat{C}]+[\hat{B},\hat{D}],$$
$$[\hat{A}\hat{B},\hat{C}\hat{D}]=\hat{A}\hat{B}\hat{C}\hat{D}-\hat{C}\hat{D}\hat{A}\hat{B}.$$

を用いると

$$[\hat{\ell}_x,\hat{\ell}_y]=\hat{y}\hat{p}_z\hat{z}\hat{p}_x-\hat{z}\hat{p}_x\hat{y}\hat{p}_z-(\hat{y}\hat{p}_z\hat{x}\hat{p}_z-\hat{x}\hat{p}_z\hat{y}\hat{p}_z)$$
$$-(\hat{z}\hat{p}_y\hat{z}\hat{p}_x-\hat{z}\hat{p}_x\hat{z}\hat{p}_y)+(\hat{z}\hat{p}_y\hat{x}\hat{p}_z-\hat{x}\hat{p}_z\hat{z}\hat{p}_y)$$
$$=(\hat{p}_z\hat{z}-\hat{z}\hat{p}_z)\hat{y}\hat{p}_x+(\hat{z}\hat{p}_z-\hat{p}_z\hat{z})\hat{x}\hat{p}_y$$
$$=-[\hat{z},\hat{p}_z]\hat{y}\hat{p}_x+[\hat{z},\hat{p}_z]\hat{x}\hat{p}_y=\mathrm{i}\hbar(\hat{x}\hat{p}_y-\hat{y}\hat{p}_x)$$

となり，題意の関係式は証明された．

**5.1** (1) $\hat{\ell}_x=-(\hat{\ell}_{+1}-\hat{\ell}_{-1})/\sqrt{2}, \hat{\ell}_y=\mathrm{i}(\hat{\ell}_{+1}+\hat{\ell}_{-1})/\sqrt{2}$ であるから，$\hat{\ell}_x^2+\hat{\ell}_y^2=-\hat{\ell}_{+1}\hat{\ell}_{-1}-\hat{\ell}_{-1}\hat{\ell}_{+1}$.

(2) $[\hat{\ell}_{\pm 1},\hat{\boldsymbol{\ell}}^2]=0$, $[\hat{\ell}_0,\hat{\boldsymbol{\ell}}^2]=0$ であるから，$\hat{\boldsymbol{\ell}}^2$ はスカラー演算子である．

次に，$L=1$ の場合．$M=0$ とおくと，2つの定義式はそれぞれ $[\hat{T}_{10},\hat{\ell}_{\pm 1}]=\pm\hat{T}_{1,\pm 1}$, $[\hat{\ell}_0,\hat{T}_{10}]=0$ となる．これらはそれぞれ，角運動量の交換関係 $[\hat{\ell}_z,\hat{\ell}_{\pm}]=\pm\hbar\hat{\ell}_{\pm},[\hat{\ell}_z,\hat{\ell}_z]=0$ に対応している．すなわち，$\hat{T}_{1\mu}=\hat{\ell}_\mu$, 角運動量演算子はベクトル演算子である．$M=\pm 1$ とおくと，定義式は角運動量の交換関係や $\hat{T}_{1,2},\hat{T}_{1,-2}$ がありえないことを意味する式が得られ，$M=0$ の場合と整合的である．読者自ら確かめよ．

**6.1** まず，$\hat{\ell}_x, \hat{\ell}_y, \hat{\ell}_z$ の極座標表現を求める．

$$\hat{\ell}_x = \frac{\hbar}{\mathrm{i}}[r\sin\theta\sin\phi(\cos\theta\frac{\partial}{\partial r} - \frac{\sin\theta}{r}\frac{\partial}{\partial \theta})$$
$$- r\cos\theta(\sin\theta\sin\phi\frac{\partial}{\partial r} + \frac{\cos\theta\sin\phi}{r}\frac{\partial}{\partial \theta} + \frac{\cos\phi}{r\sin\theta}\frac{\partial}{\partial \phi})]$$
$$= \mathrm{i}\hbar(\sin\phi\frac{\partial}{\partial \theta} + \frac{\cos\theta\cos\phi}{\sin\theta}\frac{\partial}{\partial \phi}) \quad (\text{B.15})$$

このように，$r$ についての偏微分項は相殺する．同様に $\hat{\ell}_y$ の極座標表現も求まる．さらに，$\hat{\ell}_z$ については，$\theta$ についての偏微分の項も相殺して，極座標表現が求まる．続いて，$\hat{\ell}_\pm$ の極座標表現を求める．

$$\hat{\ell}_\pm = \mathrm{i}\hbar(\sin\phi\frac{\partial}{\partial \theta} + \frac{\cos\theta\cos\phi}{\sin\theta}\frac{\partial}{\partial \phi}) \pm \mathrm{i}\cdot\mathrm{i}\hbar(-\cos\phi\frac{\partial}{\partial \theta} + \frac{\cos\theta\sin\phi}{\sin\theta}\frac{\partial}{\partial \phi}).$$

ここで，$\frac{\partial}{\partial \theta}$ の係数は $\pm\hbar\mathrm{e}^{\pm\mathrm{i}\phi}$，$\frac{\partial}{\partial \phi}$ の係数は $\mathrm{i}\hbar\mathrm{e}^{\pm\mathrm{i}\phi}\frac{1}{\tan\theta}$ となり，題意は示される．

**7.1** (1), (2) の解答でまとめると下記のようになる．

$$Y_{px} = \frac{1}{2}\sqrt{\frac{3}{\pi}}\sin\theta\cos\phi, \quad (\text{B.16})$$

$$Y_{py} = \frac{1}{2}\sqrt{\frac{3}{\pi}}\sin\theta\sin\phi, \quad (\text{B.17})$$

$$Y_{pz} = \frac{1}{2}\sqrt{\frac{3}{\pi}}\cos\theta, \quad (\text{B.18})$$

$$Y_{dzx} = \frac{1}{2}\sqrt{\frac{15}{\pi}}\cos\theta\sin\theta\cos\phi, \quad (\text{B.19})$$

$$Y_{dyz} = \frac{1}{2}\sqrt{\frac{15}{\pi}}\cos\theta\sin\theta\sin\phi, \quad (\text{B.20})$$

$$Y_{dx^2-y^2} = \frac{1}{4}\sqrt{\frac{15}{\pi}}\sin^2\theta(\cos^2\phi - \sin^2\phi), \quad (\text{B.21})$$

$$Y_{dxy} = \frac{1}{2}\sqrt{\frac{15}{\pi}}\sin^2\theta\cos\phi\sin\phi, \quad (\text{B.22})$$

$$Y_{dz^2} = \frac{1}{4}\sqrt{\frac{5}{\pi}}(3\cos^2\theta - 1). \quad (\text{B.23})$$

**8.1** $\ell = m = 0$ の場合．ルジャンドルの陪微分方程式は

$$(1-x^2)\frac{d^2 P_{00}}{dx^2} - 2x\frac{dP_{00}}{dx} = 0 \quad (\text{B.24})$$

となり，$dP_{00}/dx = 0, d^2P_{00}/dx^2 = 0$ であるから，解はルジャンドルの陪微分方程式を満たす．

$\ell = 1, m = 0$ の場合．ルジャンドルの陪微分方程式は

$$(1-x^2)\frac{d^2 P_{10}}{dx^2} - 2x\frac{dP_{10}}{dx} + 2P_{10} = 0 \tag{B.25}$$

となる．$dP_{10}/dx = 1, d^2P_{10}/dx^2 = 0$ であるから，解はルジャンドルの陪微分方程式を満たす．

$\ell = 1, m = 1$ の場合．ルジャンドルの陪微分方程式は

$$(1-x^2)\frac{d^2 P_{11}}{dx^2} - 2x\frac{dP_{11}}{dx} + (2 - \frac{1}{1-x^2})P_{11} = 0 \tag{B.26}$$

となる．$dP_{11}/dx = -x/\sqrt{1-x^2}, d^2P_{11}/dx^2 = -1/(1-x^2)^{3/2}$ であるからルジャンドルの陪微分方程式の左辺 (l.h.s.) に代入すると

$$(1-x^2)\frac{-1}{(1-x^2)^{3/2}} - 2x\frac{-x}{\sqrt{1-x^2}} + (2 - \frac{1}{1-x^2})\sqrt{1-x^2} = 0 \tag{B.27}$$

となり，解はルジャンドルの陪微分方程式を満たす．

**9.1**

$$\begin{aligned}
(\Delta \ell_x)^2 &= \frac{1}{4}\langle \ell m|(\hat{\ell}_+^2 + \hat{\ell}_-^2 + \hat{\ell}_+\hat{\ell}_- + \hat{\ell}_-\hat{\ell}_+)|\ell m\rangle - [\frac{1}{2}\langle \ell m|(\hat{\ell}_+ + \hat{\ell}_-)|\ell m\rangle]^2 \\
&= \frac{\hbar^2}{4}[(\ell+m)(\ell-m+1) + (\ell-m)(\ell+m+1)] \\
&= \frac{\hbar^2}{2}(\ell^2 + \ell - m^2). \tag{B.28}
\end{aligned}$$

同様に

$$(\Delta \ell_y)^2 = \frac{\hbar^2}{2}(\ell^2 + \ell - m^2). \tag{B.29}$$

また，$(\Delta \ell_z)^2 = 0$ であるから

$$(\Delta \ell_y)^2 + (\Delta \ell_z)^2 = \frac{\hbar^2}{2}(\ell^2 + \ell - m^2). \tag{B.30}$$

すなわち，$\ell = 0$ の場合を除いて，$m$ の最大値 $m = \ell$ に対しても，量子的揺らぎはゼロにならない．このために，$\hat{\ell}^2$ の固有値が，$\ell^2\hbar^2$ ではなく，$\ell(\ell+1)\hbar^2$ となる．

**10.1** 例題の結果を用いて

$$
\begin{aligned}
[\hat{\ell}_x, \hat{\ell}_y] &= \frac{\hbar^2}{2}\begin{pmatrix} 0 & 1 & 0 \\ 1 & 0 & 1 \\ 0 & 1 & 0 \end{pmatrix}\begin{pmatrix} 0 & -i & 0 \\ i & 0 & -i \\ 0 & i & 0 \end{pmatrix} \\
&\quad - \frac{\hbar^2}{2}\begin{pmatrix} 0 & -i & 0 \\ i & 0 & -i \\ 0 & i & 0 \end{pmatrix}\begin{pmatrix} 0 & 1 & 0 \\ 1 & 0 & 1 \\ 0 & 1 & 0 \end{pmatrix} \\
&= \frac{i\hbar^2}{2}\left[\begin{pmatrix} 1 & 0 & -1 \\ 0 & 0 & 0 \\ 1 & 0 & -1 \end{pmatrix} - \begin{pmatrix} -1 & 0 & -1 \\ 0 & 0 & 0 \\ 1 & 0 & 1 \end{pmatrix}\right] = i\hbar\hat{\ell}_z. \quad \text{(B.31)}
\end{aligned}
$$

**11.1** 極座標で表されたラプラス演算子 $\nabla^2$ の第二項，第三項は角運動量の2乗の演算子 (2.20) を用いると次のように書き直せる．

$$\nabla^2 = \frac{1}{r^2}\frac{\partial}{\partial r}(r^2\frac{\partial}{\partial r}) - \frac{\hat{\boldsymbol{\ell}}^2}{r^2\hbar^2}. \quad \text{(B.32)}$$

波動関数 $\psi$ を，動径部分 $R(r)$ と角度部分 $Y_{\ell m}(\theta,\phi)$ の変数分離型として表現すると，計算がかなり簡単になる．

$$\psi(x,y,z) = R(r)Y_{\ell m}(\theta,\phi). \quad \text{(B.33)}$$

変数分離型の波動関数を 3 次元のシュレディンガー方程式に代入して

$$\hat{\boldsymbol{\ell}}^2 Y_{\ell m}(\theta,\phi) = \ell(\ell+1)\hbar^2 Y_{\ell m}(\theta,\phi) \quad \text{(B.34)}$$

という関係を用いると，動径部分の波動関数 $R(r)$ が満たすべき微分方程式

$$\frac{d^2R}{dr^2} + \frac{2}{r}\frac{dR}{dr} + \frac{2\mu}{\hbar^2}\left[E - V(r) - \frac{\ell(\ell+1)\hbar^2}{2\mu r^2}\right]R = 0 \quad \text{(B.35)}$$

が求まる．ここで，解 $R(r)$ はポテンシャル $V(r)$ の関数形が，たとえば，水素原子における電気力のように動径に反比例する形など具体的に与えられれば，量子数 $\ell$ の値にも依存して決まる．

動径 $r$ について，微分に関係ない項とポテンシャル部分をまとめる

と，
$$-\frac{\hbar^2}{2\mu}\left[\frac{d^2R}{dr^2}+\frac{2}{r}\frac{dR}{dr}\right]+\left[V(r)+\frac{\ell(\ell+1)\hbar^2}{2\mu r^2}\right]R=ER \quad (B.36)$$

と書き直すことができる．この方程式において，真のポテンシャル $V(r)$ に加えて，元来は運動エネルギー演算子の一部であった部分が，あたかも斥力ポテンシャルと同じ機能をもつと解釈できる．そこで，運動エネルギー演算子の一部

$$\frac{\ell(\ell+1)\hbar^2}{2\mu r^2} \quad (B.37)$$

を遠心力項とよぶことがある．ここで，解 $R(r)$ はポテンシャル $V(r)$ の関数形が，たとえば，水素原子における電気力のように動径に反比例する形など，具体的に与えられれば，量子数 $\ell$ の値に依存して決まる．

ここで，動径部分のシュレディンガー方程式 (B.36) を，次の式で定義される関数 $\chi(r)$ とその微分を用いて表してみよう．

$$\chi(r)\equiv rR(r), \quad (B.38)$$

$$\frac{1}{r}\frac{d^2\chi(r)}{dr^2}=\frac{d^2R(r)}{dr^2}+\frac{2}{r}\frac{dR(r)}{dr}. \quad (B.39)$$

式 (B.38) と (B.39) を式 (B.36) に代入すると，関数 $\chi(r)$ とその微分を用いた動径方向のシュレディンガー方程式が得られる．

$$-\frac{\hbar^2}{2\mu}\left[\frac{d^2\chi(r)}{dr^2}\right]+\left[V(r)+\frac{\ell(\ell+1)\hbar^2}{2\mu r^2}\right]\chi(r)=E\chi(r). \quad (B.40)$$

動径方向のシュレディンガー方程式のこの表現は 1 階微分の項が消去されているために，種々の解析において有用である．

## 3 章の発展問題

**12.1** まず，並進について，同じ状態 $|\alpha\rangle$ についての波動関数の関係

$$\hat{U}'_s(\boldsymbol{a})\Psi_\alpha(\boldsymbol{x},t)=\Psi_\alpha(\boldsymbol{x}+\boldsymbol{a},t) \quad (B.41)$$

とおいて，右辺をテイラー展開すると $\hat{U}'_s(\boldsymbol{a})=\mathrm{e}^{\mathrm{i}\boldsymbol{a}\cdot\hat{\boldsymbol{p}}/\hbar}$ が得られる．

時間変位についても同様に

$$\hat{U}'_t(\varepsilon)\Psi_\alpha(\boldsymbol{x},t) = \Psi_\alpha(\boldsymbol{x}, t+\varepsilon) \tag{B.42}$$

とおいて，右辺をテイラー展開すると $\hat{U}'_t(\varepsilon) = \mathrm{e}^{-\mathrm{i}\varepsilon\hat{H}/\hbar}$ が得られる．

回転についても

$$\hat{U}'_z(\theta)\Psi_\alpha(\boldsymbol{x},t) = \Psi_\alpha(\hat{R}_z\boldsymbol{x}, t) \tag{B.43}$$

とおいて，右辺をテイラー展開し，有限回転に拡張すれば，$\hat{U}'_z(\theta) = \mathrm{e}^{\mathrm{i}\theta\hat{\ell}_z/\hbar}$ が得られる．

**13.1** $\hat{U} = \hat{U}_s(\boldsymbol{a}), \hat{U}_r(\boldsymbol{\theta})$ の場合，$\partial\hat{U}/\partial t = 0$ であることを用いると，式 (3.52) の左辺は $\mathrm{i}\hat{U}\partial\Psi/\partial t$，右辺は $\hat{U}\hat{H}\Psi$ となる．この両辺の左から $\hat{U}^\dagger$ をかけると，元の時間依存シュレディンガー方程式が得られる．

$\hat{U} = \hat{U}_t(t)$ の場合，$\partial\hat{U}/\partial t = -\mathrm{i}\hat{U}\hat{H}$ であることを用いると，式 (3.52) の左辺 (l.h.s.) は

$$\mathrm{l.h.s.} = \mathrm{i}\hbar\left(\frac{\partial\hat{U}}{\partial t}\Psi + \hat{U}\frac{\partial\Psi}{\partial t}\right) = \hat{U}\left(\hat{H}\Psi + \mathrm{i}\hbar\frac{\partial\Psi}{\partial t}\right) \tag{B.44}$$

となる．また，式 (3.52) の右辺 (r.h.s.) は

$$\mathrm{r.h.s.} = \hat{U}\hat{H}\Psi + \mathrm{i}\hbar\left(-\frac{\mathrm{i}}{\hbar}\hat{U}\hat{H}\right)\hat{U}^\dagger\hat{U}\Psi = 2\hat{U}\hat{H}\Psi \tag{B.45}$$

と書ける．これらの結果より，元の時間依存のシュレディンガー方程式が得られる．

## 4 章の発展問題

**14.1** $\hat{\sigma}_x\hat{\sigma}_y = \mathrm{i}\hat{\sigma}_z$ は例題の解答より自明．同様にして

$$\hat{\sigma}_y\hat{\sigma}_z = \begin{pmatrix} 0 & \mathrm{i} \\ \mathrm{i} & 0 \end{pmatrix} = \mathrm{i}\hat{\sigma}_x, \ \hat{\sigma}_z\hat{\sigma}_x = \begin{pmatrix} 0 & 1 \\ -1 & 0 \end{pmatrix} = \mathrm{i}\hat{\sigma}_y. \tag{B.46}$$

**15.1**

$$\hat{\lambda}_1^2 = \hat{\lambda}_2^2 = \hat{\lambda}_3^2 = \begin{pmatrix} 1 & 0 & 0 \\ 0 & 1 & 0 \\ 0 & 0 & 0 \end{pmatrix}, \quad \hat{\lambda}_4^2 = \hat{\lambda}_5^2 = \begin{pmatrix} 1 & 0 & 0 \\ 0 & 0 & 0 \\ 0 & 0 & 1 \end{pmatrix},$$

$$\hat{\lambda}_6^2 = \hat{\lambda}_7^2 = \begin{pmatrix} 0 & 0 & 0 \\ 0 & 1 & 0 \\ 0 & 0 & 1 \end{pmatrix}, \quad \hat{\lambda}_8^2 = \frac{1}{3} \begin{pmatrix} 1 & 0 & 0 \\ 0 & 1 & 0 \\ 0 & 0 & 4 \end{pmatrix} \quad \text{(B.47)}$$

より

$$\hat{C} = \frac{1}{3} \begin{pmatrix} 16 & 0 & 0 \\ 0 & 16 & 0 \\ 0 & 0 & 16 \end{pmatrix}. \quad \text{(B.48)}$$

**16.1** パウリ行列の性質から $[\hat{\lambda}_1, \hat{\lambda}_2] = 2\mathrm{i}\hat{\lambda}_3$ は自明であろう．次に

$$[\hat{\lambda}_1, \hat{\lambda}_4] = \begin{pmatrix} 0 & 0 & 0 \\ 0 & 0 & 1 \\ 0 & -1 & 0 \end{pmatrix} = 2\mathrm{i} \times \frac{1}{2} \begin{pmatrix} 0 & 0 & 0 \\ 0 & 0 & -\mathrm{i} \\ 0 & \mathrm{i} & 0 \end{pmatrix} = 2\mathrm{i} \times \frac{1}{2} \hat{\lambda}_7. \quad \text{(B.49)}$$

同様に，$[\hat{\lambda}_1, \hat{\lambda}_6] = 2\mathrm{i} f_{165} \hat{\lambda}_5$, $[\hat{\lambda}_2, \hat{\lambda}_4] = 2\mathrm{i} f_{246} \hat{\lambda}_6$, $[\hat{\lambda}_2, \hat{\lambda}_5] = 2\mathrm{i} f_{257} \hat{\lambda}_7$, $[\hat{\lambda}_3, \hat{\lambda}_4] = 2\mathrm{i} f_{345} \hat{\lambda}_5$, $[\hat{\lambda}_3, \hat{\lambda}_7] = 2\mathrm{i} f_{376} \hat{\lambda}_6$ が証明できる．さらに

$$[\hat{\lambda}_4, \hat{\lambda}_5] = 2\mathrm{i} \begin{pmatrix} 1 & 0 & 0 \\ 0 & 0 & 0 \\ 0 & 0 & -1 \end{pmatrix}. \quad \text{(B.50)}$$

同じ式の右辺は

$$2\mathrm{i}(f_{453} \hat{\lambda}_3 + f_{458} \hat{\lambda}_8) = 2\mathrm{i} \begin{pmatrix} 1 & 0 & 0 \\ 0 & 0 & 0 \\ 0 & 0 & -1 \end{pmatrix} \quad \text{(B.51)}$$

となるので，$[\hat{\lambda}_4, \hat{\lambda}_5] = 2\mathrm{i}(f_{453} \hat{\lambda}_3 + f_{458} \hat{\lambda}_8)$ が証明される．同様にして

$[\hat{\lambda}_6, \hat{\lambda}_7] = 2\mathrm{i}(f_{673}\hat{\lambda}_3 + f_{678}\hat{\lambda}_8)$ が証明される．

**17.1** $\hat{\sigma}_x|\alpha\rangle = |\beta\rangle, \hat{\sigma}_x|\beta\rangle = |\alpha\rangle, \hat{\sigma}_y|\alpha\rangle = \mathrm{i}|\beta\rangle, \hat{\sigma}_y|\beta\rangle = -\mathrm{i}|\alpha\rangle$.

**18.1** 17.1 の結果を用いると

$$(\hat{\boldsymbol{\sigma}}_1 \cdot \boldsymbol{r})|\alpha_1\rangle = z|\alpha_1\rangle + (x + \mathrm{i}y)|\beta_1\rangle \tag{B.52}$$

が得られる．ここで，$\boldsymbol{r}$ の成分表示 $\boldsymbol{r} = (x, y, z)$ を用いた．同様にして

$$(\hat{\boldsymbol{\sigma}}_2 \cdot \boldsymbol{r})|\beta_2\rangle = (x - \mathrm{i}y)|\alpha_2\rangle - z|\beta_2\rangle \tag{B.53}$$

が得られる．これら 2 つの式をまとめると

$$\begin{aligned}(\hat{\boldsymbol{\sigma}}_1 \cdot \boldsymbol{r})(\hat{\boldsymbol{\sigma}}_2 \cdot \boldsymbol{r})|\alpha_1\rangle|\beta_2\rangle &= (x - \mathrm{i}y)z|\alpha_1\rangle|\alpha_2\rangle - z^2|\alpha_1\rangle|\beta_2\rangle \\ &\quad + (x^2 + y^2)|\beta_1\rangle|\alpha_2\rangle - (x + \mathrm{i}y)z|\beta_1\rangle|\beta_2\rangle\end{aligned} \tag{B.54}$$

となる．この結果において，添え字 1 と 2 を交換すると

$$\begin{aligned}(\hat{\boldsymbol{\sigma}}_1 \cdot \boldsymbol{r})(\hat{\boldsymbol{\sigma}}_2 \cdot \boldsymbol{r})|\beta_1\rangle|\alpha_2\rangle &= (x - \mathrm{i}y)z|\alpha_1\rangle|\alpha_2\rangle - z^2|\alpha_2\rangle|\beta_1\rangle \\ &\quad + (x^2 + y^2)|\beta_2\rangle|\alpha_1\rangle - (x + \mathrm{i}y)z|\beta_1\rangle|\beta_2\rangle\end{aligned} \tag{B.55}$$

が導ける．この 2 つの結果をまとめて

$$(\hat{\boldsymbol{\sigma}}_1 \cdot \boldsymbol{r})(\hat{\boldsymbol{\sigma}}_2 \cdot \boldsymbol{r})[|\alpha_1\rangle|\beta_2\rangle - |\beta_1\rangle|\alpha_2\rangle] = -r^2[|\alpha_1\rangle|\beta_2\rangle - |\beta_1\rangle|\alpha_2\rangle]. \tag{B.56}$$

さらに，同様の手順で

$$(\hat{\boldsymbol{\sigma}}_1 \cdot \hat{\boldsymbol{\sigma}}_2)[|\alpha_1\rangle|\beta_2\rangle - |\beta_1\rangle|\alpha_2\rangle] = -3[|\alpha_1\rangle|\beta_2\rangle - |\beta_1\rangle|\alpha_2\rangle] \tag{B.57}$$

が得られる．以上の結果を用いて，$S_{12}[|\alpha_1\rangle|\beta_2\rangle - |\beta_1\rangle|\alpha_2\rangle] = 0$ が証明される（テンソル力が作用するのは合成スピンが（$\hbar$ 単位で）1 の状態に限ること）．

**19.1**

$$\mathrm{e}^{-\mathrm{i}2\pi\hat{s}_j/\hbar}|\chi\rangle = \mathrm{e}^{-\mathrm{i}(\pi)\hat{\sigma}_j}|\chi\rangle = [\cos\pi \cdot \hat{1}^{(2)} - \mathrm{i}\sin\pi \cdot \hat{\sigma}_j]|\chi\rangle = -|\chi\rangle \tag{B.58}$$

となり，元には戻らない．$\theta = 4\pi$ のときには，回転されたスピン状態ベクトル $|\chi\rangle$ は元に戻る．このように，スピン 1/2 の量子系は，与え

られた角度 $\theta$ に対して, 状態ベクトルが $\pm e^{-i(\theta/2)\hat{\sigma}_j}|\chi\rangle$ の2通り存在する. このことをスピン状態ベクトル (スピノール) の2価性, または $4\pi$ 周期性という.

**20.1** 題意より

$$|\alpha\rangle\langle\alpha| = \begin{pmatrix} 1 \\ 0 \end{pmatrix}\begin{pmatrix} 1 & 0 \end{pmatrix} = \begin{pmatrix} 1 & 0 \\ 0 & 0 \end{pmatrix}. \tag{B.59}$$

同様にして

$$|\beta\rangle\langle\beta| = \begin{pmatrix} 0 & 0 \\ 0 & 1 \end{pmatrix}. \tag{B.60}$$

したがって

$$|\alpha\rangle\langle\alpha| + |\beta\rangle\langle\beta| = \begin{pmatrix} 1 & 0 \\ 0 & 1 \end{pmatrix} = \hat{1}^{(2)} \tag{B.61}$$

となり, 題意は証明された. 固有状態の完全性は, 任意の状態がこれらの一次結合で表現されることを保証する.

**20.2** (a) $\mathrm{Tr}\hat{\sigma}_j = 0, (j = x, y, z)$ であるから, 題意は示される.

(b) 密度演算子は

$$\hat{\rho} = \frac{1}{2}\begin{pmatrix} 1 + a_z & a_x - ia_y \\ a_x + ia_y & 1 - a_z \end{pmatrix} \tag{B.62}$$

となるので, $\hat{\rho}$ の固有値の2倍を $\lambda$ として, 固有値方程式の係数行列の値がゼロという条件より

$$0 = \begin{vmatrix} 1 + a_z - \lambda & a_x - ia_y \\ a_x + ia_y & 1 - a_z - \lambda \end{vmatrix} = (1-\lambda)^2 - |\boldsymbol{a}|^2 \tag{B.63}$$

となり, 固有値 $(1 \pm |\boldsymbol{a}|)/2$ が得られる. ゆえに, $0 \le |\boldsymbol{a}| \le 1$ となる.

(c) 一般に, $\hat{\rho} - \hat{\rho}^2 = (1 - |\boldsymbol{a}|^2)\hat{1}^{(2)}/4$ となる. したがって, $|\boldsymbol{a}| = 1$ の

場合, $\hat{\rho} = \hat{\rho}^2$ となり, $\hat{\rho}$ の固有値は 1 と 0 である.

(d) $|\boldsymbol{a}| = 0$ の場合, $\hat{\rho} = \hat{1}^{(2)}/2 = 2\hat{\rho}^2$ となり, $\hat{\rho}$ の固有値は $1/2$ で, 縮退している.

**21.1** (1) $\hat{U}_{0,\phi}$ は次のようになる.

$$\hat{U}_{0,\phi} = \begin{pmatrix} \mathrm{e}^{-\mathrm{i}\phi/2} & 0 \\ 0 & \mathrm{e}^{\mathrm{i}\phi/2} \end{pmatrix} \tag{B.64}$$

そして, $\phi = 2\pi$ のとき

$$\hat{U}_{0,2\pi} = \begin{pmatrix} -1 & 0 \\ 0 & -1 \end{pmatrix} \tag{B.65}$$

となり, 2 成分複素ベクトルの符号が変化する. さらに, $\phi = 4\pi$ のとき

$$\hat{U}_{0,4\pi} = \begin{pmatrix} 1 & 0 \\ 0 & 1 \end{pmatrix} \tag{B.66}$$

となり, 2 成分複素ベクトル元にもどる.

(2)

$$\hat{U}_{\theta,0} = \begin{pmatrix} \cos(\theta/2) & -\sin(\theta/2) \\ \sin(\theta/2) & \cos(\theta/2) \end{pmatrix} \tag{B.67}$$

そして, $\theta = 2\pi$ のとき

$$\hat{U}_{2\pi,0} = \begin{pmatrix} -1 & 0 \\ 0 & -1 \end{pmatrix} \tag{B.68}$$

となり, 2 成分複素ベクトルの符号が変化する. $\theta = 4\pi$ のとき

$$\hat{U}_{4\pi,0} = \begin{pmatrix} 1 & 0 \\ 0 & 1 \end{pmatrix} \tag{B.69}$$

となり, 2 成分複素ベクトルは元にもどる.

**22.1** 例題の結果を用いると

$$\left[\hat{H}_{\text{Dirac}}, \hat{\ell}_x + \frac{\hbar}{2}\hat{\sigma}_x\right] = -c\hbar^2\left(\hat{\alpha}_2\frac{\partial}{\partial z} - \hat{\alpha}_3\frac{\partial}{\partial y}\right) + c\hbar^2\left(\hat{\alpha}_2\frac{\partial}{\partial z} - \hat{\alpha}_3\frac{\partial}{\partial y}\right) = 0 \tag{B.70}$$

が得られる．同様にして

$$\left[\hat{H}_{\text{Dirac}}, \hat{\ell}_y + \frac{\hbar}{2}\hat{\sigma}_y\right] = 0, \tag{B.71}$$

$$\left[\hat{H}_{\text{Dirac}}, \hat{\ell}_z + \frac{\hbar}{2}\hat{\sigma}_z\right] = 0. \tag{B.72}$$

が得られる．したがって，ディラック・ハミルトニアンと全角運動量演算子は可換であることが証明される．

## 5章の発展問題

**23.1** 合成されるスピンの大きさ $S$ は $S = 3/2, 1/2$ の2通りである．
(1) $S = 3/2$ の状態：$|3/2, 3/2\rangle = |\alpha_1\alpha_2\alpha_3\rangle$ は自明であろう．状態 $|3/2, 1/2\rangle$ は $|3/2, 3/2\rangle$ に合成スピンの演算子 $\hat{S}_-$ を作用させて作る．結果は

$$|\frac{3}{2}, \frac{1}{2}\rangle = \frac{1}{\sqrt{3}}[|\alpha_1\alpha_2\beta_3\rangle + |\alpha_1\beta_2\alpha_3\rangle + |\beta_1\alpha_2\alpha_3\rangle] \tag{B.73}$$

となる．状態 $|3/2, -1/2\rangle$ は $|3/2, 1/2\rangle$ に合成スピンの演算子 $\hat{S}_-$ を作用させて作る．結果は

$$|\frac{3}{2}, -\frac{1}{2}\rangle = \frac{1}{\sqrt{3}}[|\alpha_1\beta_2\beta_3\rangle + |\beta_1\alpha_2\beta_3\rangle + |\beta_1\beta_2\alpha_3\rangle] \tag{B.74}$$

となる．状態 $|3/2, -3/2\rangle = |\beta_1\beta_2\beta_3\rangle$ は自明であろう．
(2) $S = 1/2$ の状態：状態 $|1/2, 1/2\rangle$ は状態 $|3/2, M\rangle$ から合成スピンの演算子 $\hat{S}_-$ を作用させて作ることはできない．状態 $|1/2, 1/2\rangle$ を作る方法は2つのスピン合成状態 $|1, 1\rangle, |1, 0\rangle$ を用いて構成される $|1, 1\rangle|\beta_3\rangle$ と $|1, 0\rangle|\alpha_3\rangle$ の2通り．これらを重ね合わせて

$$|\frac{1}{2}, \frac{1}{2}\rangle = c_1|1, 1\rangle|\beta_3\rangle + c_2|1, 0\rangle|\alpha_3\rangle \tag{B.75}$$

とおく．状態 $|3/2, 1/2\rangle = [|1,1\rangle|\beta_3\rangle + \sqrt{2}|1,0\rangle|\alpha_3\rangle]/\sqrt{3}$ と直交し，規格化条件を満たすように係数 $c_1, c_2$ を決めると，$c_1 = \sqrt{2/3}, c_2 = -1/\sqrt{3}$ または $c_1 = -\sqrt{2/3}, c_2 = 1/\sqrt{3}$ となる．したがって

$$|\frac{1}{2}, \frac{1}{2}\rangle = \frac{1}{\sqrt{6}}[2|\alpha_1\alpha_2\beta_3\rangle - |\alpha_1\beta_2\alpha_3\rangle - |\beta_1\alpha_2\alpha_3\rangle] \tag{B.76}$$

となる．状態 $|1/2, -1/2\rangle$ は，状態 $|1/2, 1/2\rangle$ から合成スピンの演算子 $\hat{S}_-$ を作用させて作る．結果は

$$|\frac{1}{2}, -\frac{1}{2}\rangle = -\frac{1}{\sqrt{6}}[2|\alpha_1\beta_2\beta_3\rangle + |\beta_1\alpha_2\beta_3\rangle] + \sqrt{\frac{2}{3}}|\beta_1\beta_2\alpha_3\rangle. \tag{B.77}$$

**24.1** 例題の結果をまとめると

$$\{\frac{2\hat{\boldsymbol{s}}_1 \cdot \hat{\boldsymbol{s}}_2}{\hbar^2} + \frac{1}{2}\}|S=1, M\rangle = \hat{P}_{1,2}|S=1, M\rangle, (M=1, 0, -1) \tag{B.78}$$

が得られる．さらに

$$\{\frac{2\hat{\boldsymbol{s}}_1 \cdot \hat{\boldsymbol{s}}_2}{\hbar^2} + \frac{1}{2}\}|S=0, M=0\rangle = (-\frac{3}{2} + \frac{1}{2})|S=0, M=0\rangle$$
$$= -|S=0, M=0\rangle = -\frac{1}{\sqrt{2}}\{|\alpha_1\beta_2\rangle - |\beta_1\alpha_2\rangle\}$$
$$= \hat{P}_{12}\frac{1}{\sqrt{2}}\{|\alpha_1\beta_2\rangle - |\beta_1\alpha_2\rangle\} = \hat{P}_{12}|S=0, M=0\rangle \tag{B.79}$$

が示される．よって証明された．

**25.1** 2 電子系のハミルトニアンは，固有状態を用いて

$$\hat{H}|\chi_{S,M_S}\rangle = \left[K\left\{S(S+1) - \frac{3}{2}\right\} - J\hat{S}_z\right]|\chi_{S,M_S}\rangle \tag{B.80}$$

と書き直せる．すると

$$\hat{H}|\chi_{1,1}\rangle = \left[K\left\{1 \cdot (1+1) - \frac{3}{2}\right\} - J \times 1\right]|\chi_{1,1}\rangle$$
$$= \left[\frac{K}{2} - J\right]|\chi_{1,1}\rangle, \tag{B.81}$$

$$\hat{H}|\chi_{1,0}\rangle = \left[K\left\{1 \cdot (1+1) - \frac{3}{2}\right\} - J \times 0\right]|\chi_{1,0}\rangle$$
$$= \frac{K}{2}|\chi_{1,0}\rangle, \tag{B.82}$$

$$\hat{H}|\chi_{1,-1}\rangle = \left[K\left\{1\cdot(1+1) - \frac{3}{2}\right\} - J\times(-1)\right]|\chi_{1,-1}\rangle$$
$$= \left[\frac{K}{2} + J\right]|\chi_{1,-1}\rangle, \tag{B.83}$$
$$\hat{H}|\chi_{0,0}\rangle = \left[K\left\{0\cdot(0+1) - \frac{3}{2}\right\} - J\times 0\right]|\chi_{0,0}\rangle$$
$$= -\frac{3}{2}K|\chi_{0,0}\rangle \tag{B.84}$$

が得られる．ここで，定数の間の与えられた条件より

$$\left(\frac{K}{2} - J\right) - \left(-\frac{3}{2}K\right) = 2(K - 2J) + 3J > 0 \tag{B.85}$$

である．以上の結果より，エネルギーの順番を図示すると，図B.2 に示されるようになる．すなわち，$|\chi_{1,M_S}\rangle, (M_S = 0, \pm 1)$ 間の縮退は解けて，その分岐は $2J$ で，これらのエネルギーの重心値と基底状態間のエネルギー分岐は例題と同じ $2K$ である．

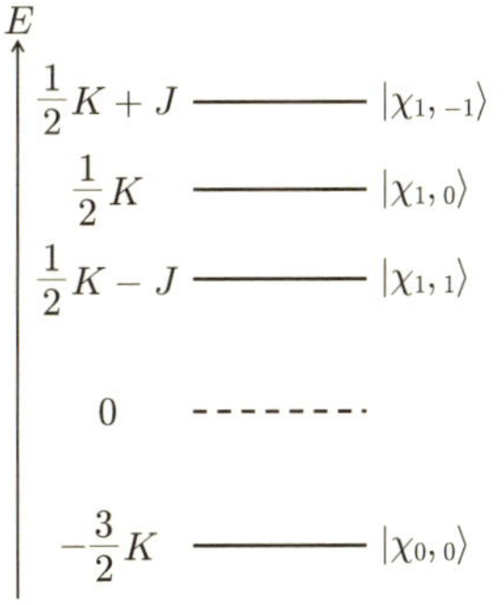

```
E
│  ½K + J  ────── |χ₁,₋₁⟩
│  ½K      ────── |χ₁,₀⟩
│  ½K − J  ────── |χ₁,₁⟩
│
│  0       - - - -
│
│ −³⁄₂K    ────── |χ₀,₀⟩
```

図B.2: 2電子系の励起エネルギースペクトル

**26.1** (1) 題意より

$$\Delta E = \langle\psi_{j=\ell+1/2}|\hat{H}_{so}|\psi_{j=\ell+1/2}\rangle - \langle\psi_{j=\ell-1/2}|\hat{H}_{so}|\psi_{j=\ell-1/2}\rangle$$
$$= \frac{k_{so}}{2}(2\ell + 1). \tag{B.86}$$

(2) まず，スピン軌道分岐の大きさを，光速度 $c$，プランク定数 $h$ と 2 つの波長 $\lambda_1, \lambda_2 (\lambda_1 > \lambda_2)$ により表し，次に具体的な値を代入する

と
$$\Delta E = \frac{ch}{\lambda_2} - \frac{ch}{\lambda_1} = ch\left(\frac{\lambda_1 - \lambda_2}{\lambda_1 \lambda_2}\right)$$
$$= 2.99792 \times 10^8 \text{ ms}^{-1} \times 6.62607 \times 10^{-34} \text{ J} \cdot \text{s}$$
$$\times \left(\frac{0.597}{589.592 \times 588.995}\right) \frac{1}{10^{-9} \text{ m}}$$
$$= \left(\frac{2.99792 \times 6.62607 \times 0.597}{589.592 \times 588.995 \times 1.60217}\right)$$
$$\times 10^{8-34+9+19} \text{ eV}$$
$$= 0.0021314 \text{ eV}. \tag{B.87}$$

一方,式 (B.86) の $\ell = 1$ の場合を用いて $\Delta E = 3k_{\text{so}}/2$ より,$k_{\text{so}} = 0.00142$ eV が得られる.

**27.1** 例題の結果を辺々加えると,$[\hat{\boldsymbol{\ell}} \cdot \hat{\boldsymbol{s}}, \hat{\ell}_x + \hat{s}_x] = 0$,$[\hat{\boldsymbol{\ell}} \cdot \hat{\boldsymbol{s}}, \hat{\ell}_y + \hat{s}_y] = 0$,$[\hat{\boldsymbol{\ell}} \cdot \hat{\boldsymbol{s}}, \hat{\ell}_z + \hat{s}_z] = 0$,すなわち,$[\hat{\boldsymbol{\ell}} \cdot \hat{\boldsymbol{s}}, \hat{\boldsymbol{j}}] = 0$ が得られ,題意は満たされた.

**28.1** 漸化式において,上の複号をとった場合を考える.

1. $M = J$ の場合:

$m_1 + m_2 = M$ を満たす CG 係数のみがゼロではないことに注目すると

$$0 = \sqrt{j_1(j_1+1) - m_1(m_1-1)} \langle j_1, m_1 - 1, j_2, J - m_1 + 1 | JJ \rangle$$
$$+ \sqrt{j_2(j_2+1) - (J - m_1)(J - m_1 + 1)} \langle j_1, m_1, j_2, J - m_1 | JJ \rangle$$

となる.この式より

$$\langle j_1, m_1 - 1, j_2, J - m_1 + 1 | JJ \rangle$$
$$= -\sqrt{\frac{j_2(j_2+1) - (J - m_1)(J - m_1 + 1)}{j_1(j_1+1) - m_1(m_1-1)}} \langle j_1, m_1, j_2, J - m_1 | JJ \rangle$$

が得られる.この式により,ある $m_1$ に対する CG 係数が求まると,続いて,$m_1 - 1$ に対する CG 係数が求まる.すなわち,$m_1 = j_1$ とおくと

$$\langle j_1, j_1-1, j_2, J-j_1+1 | JJ \rangle$$
$$= -\sqrt{\frac{j_2(j_2+1) - (J-j_1)(J-j_1+1)}{2j_1}} \langle j_1, j_1, j_2, J-j_1 | JJ \rangle \quad \text{(B.88)}$$

となり，$m_1$ が取り得る最大値 $j_1$ に対する CG 係数が求められると，$m_1 \leq j_1 - 1$ に対する CG 係数が順次求められる．$\langle j_1, j_1, j_2, J-j_1 | JJ \rangle$ の値は直交規格化条件

$$\sum_{-j_1 \leq m_1 \leq j_1} |\langle j_1, m_1, j_2, J-m_1 | JJ \rangle|^2 = 1 \quad \text{(B.89)}$$

により，通常，$\langle j_1, j_1, j_2, J-j_1 | JJ \rangle > 0$ となるように，全体に共通な位相を選ぶ．

2. $M \leq J-1$ の場合：

漸化式の複号の下の方をとった式

$$\sqrt{J(J+1) - M(M-1)} \langle j_1, m_1, j_2, m_2 | J, M-1 \rangle$$
$$= \sqrt{j_1(j_1+1) - m_1(m_1+1)} \langle j_1, m_1+1, j_2, m_2 | J, M \rangle$$
$$+ \sqrt{j_2(j_2+1) - m_2(m_2+1)} \langle j_1, m_1, j_2, m_2+1 | J, M \rangle \quad \text{(B.90)}$$

の右辺において，$M = J$ に対する CG 係数を用いて，$M = J-1$ に対するすべての CG 係数が求められる．さらに，$M = J-1$ に対する CG 係数を右辺に代入すると，$M = J-2$ に対する CG 係数が求められる．以下，同様．

**29.1**

(1) $\langle 1/2, 1/2, 1/2, 1/2 | 1, 1 \rangle$ の値は，$j_1 = 1/2, m_2 = 1/2, J = 1, M = 1$ に対する公式より，$\langle 1/2, 1/2, 1/2, 1/2 | 1, 1 \rangle = 1$ となる．

(2) $\langle 1/2, -1/2, 1/2, 1/2 | 1, 0 \rangle$ の値は，$j_1 = 1/2, m_1 = -1/2, m_2 = 1/2, J = 1, M = 0$ に対する公式より，$\langle 1/2, -1/2, 1/2, 1/2 | 1, 0 \rangle = 1/\sqrt{2}$ となる．

(3) $\langle 1/2, 1/2, 1/2, -1/2 | 1, 0 \rangle$ の値は，$j_1 = 1/2, m_1 = 1/2, m_2 = -1/2, J = 1, M = 0$ に対する公式より，$\langle 1/2, 1/2, 1/2, -1/2 | 1, 0 \rangle = 1/\sqrt{2}$ となる．

(4) $\langle 1/2, -1/2, 1/2, 1/2 | 0, 0 \rangle$ の値は, $j_1 = 1/2, m_1 = -1/2, m_2 = 1/2, J = 0, M = 0$ に対する公式より, $\langle 1/2, -1/2, 1/2, 1/2 | 0, 0 \rangle = -1/\sqrt{2}$ となる.

## 6章の発展問題

**30.1** 摂動ハミルトニアンは

$$\hat{H}_1 \equiv \frac{e}{2m_e} B \hat{\ell}_z = \frac{\mu_B B}{\hbar} \hat{\ell}_z \tag{B.91}$$

と書ける. 球対称ポテンシャル $V$ に対する固有関数 $\psi_{n\ell m_\ell}(\boldsymbol{r})$ を無摂動の固有関数とみなすと, $\hat{H}_1$ による1次の摂動エネルギーは

$$\Delta E^{(1)} = \langle n\ell m_\ell | \hat{H}_1 | n\ell m_\ell \rangle = \int \psi_{n\ell m_\ell}^*(\boldsymbol{r}) \hat{H}_1 \psi_{n\ell m_\ell}(\boldsymbol{r}) d^3\boldsymbol{r}$$
$$= \mu_B B m_\ell, \ (m_\ell = \ell, \ell-1, \cdots, 0, -1, \cdots, -\ell) \tag{B.92}$$

となる. この結果, 図 B.3 のように, 系のエネルギーは量子化(離散化)された, 角運動量の $z$ 成分の固有値 $m_\ell$ の値ごとに異なる値をとる.

**30.2** スピン自由度まで考慮すると, 摂動ハミルトニアンは

$$\hat{H}_1 = \frac{\mu_B B}{\hbar} (\hat{\ell}_z + 2\hat{s}_z) \tag{B.93}$$

と書ける. 1次の摂動エネルギーは

$$\Delta E^{(1)} = \langle n\ell m_\ell | \hat{H}_1 | n\ell m_\ell \rangle = \mu_B B(m_\ell + 2m_s)$$
$$(m_\ell = \ell, \ell-1, \ldots, 0, -1, \ldots, -\ell, \ m_s = -1/2, 1/2) \tag{B.94}$$

となり, 図 B.4 のように, $m_\ell$ と $m_s$ の値に応じて, 縮退が解けるのである.

**30.3** まず, $M_x(t)$ の特殊解を求める. 式 (6.18) を変数分離型に変形して

$$\frac{dM_x}{M_x} = -\frac{dt}{T_2}. \tag{B.95}$$

積分すると, $\log_e |M_x| = -t/T_2 + C$ が得られる. さらに, $M_x =$

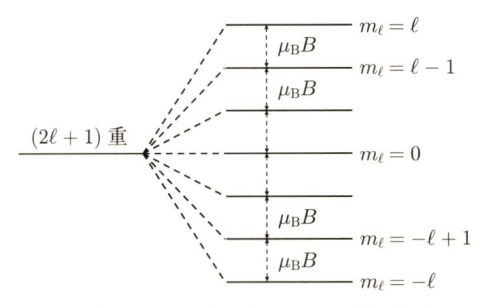

図 B.3: 正常ゼーマン効果によるエネルギー準位の分岐

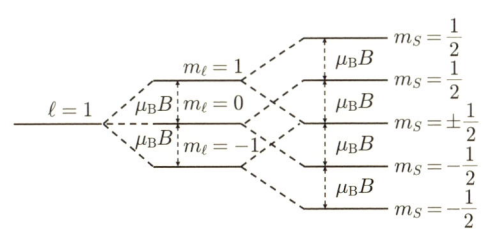

図 B.4: $\ell = 1$ の場合の異常ゼーマン効果によるエネルギー準位の分岐

$C' \mathrm{e}^{-t/T_2}$ と書き直せる．ここで，$C, C' \equiv \pm \mathrm{e}^C$ は積分定数である．初期条件により積分定数を決めて

$$M_x = M_{x0}\, \mathrm{e}^{-t/T_2} \tag{B.96}$$

が求まる．$M_y$ の特殊解 $M_y = M_{y0}\mathrm{e}^{-t/T_2}$ も同様にして求めることができる．最後に，$M_z$ について，式 (6.17) を

$$\frac{dM_z}{dt} = -\frac{M_z - M_0}{T_1} \tag{B.97}$$

と変形して，$m = M_z - M_0$ とおけば，変数分離型 $dm/m = -dt/T_1$ に変形できる．この式を積分して，初期条件により積分定数を決めて，特殊解 $M_z(t) = M_0 + (M_{z0} - M_0)\mathrm{e}^{-t/T_1}$ が得られる．

# 索 引

## 【英数字】

2 価性 ..................... 139
3 電子スピンの合成系の状態 ..... 93
4π 周期性 ..................... 139
CG 係数 ..................... 85
$g$ 因子 ..................... 111
q-ビット（量子ビット） ......... 79

## 【あ】

アイソスピン ..................... 96
位相ダンピング ..................... 119
エネルギー散逸 ..................... 119
エルミート ..................... 42, 43

## 【か】

回転
　　無限小- ..................... 42, 48
　　有限- ..................... 43, 136
外部変数 ..................... 51
開放量子系 ..................... 72, 119
可換性 ..................... 17
殻構造 ..................... 101, 113
核磁気共鳴 ..................... 115, 119
核磁子 ..................... 111
下降演算子 ..................... 29
環境系（熱浴） ..................... 119

慣性モーメント ..................... 6
完全性（完備性） ..................... 124
緩和
　　-時間 ..................... 115
　　スピン・格子緩和- ..................... 116
　　スピン・スピン緩和- ..................... 116
　　縦緩和- ..................... 116
　　横緩和- ..................... 116
球基底 ..................... 19
球面調和関数 ..................... 14, 127
境界条件 ..................... 6
共鳴周波数 ..................... 113
行列表現 ..................... 124
空間回転 ..................... 42
空間並進 ..................... 40
クォーク模型 ..................... 61
クレブシュゴルダン ..................... 85
クロネッカーのデルタ記号 ..................... 121
ケットベクトル ..................... 120
ゲルマン行列 ..................... 61
交換演算子 ..................... 95
交換関係 ..................... 11, 12, 59
交換相互作用 ..................... 94
混合状態 ..................... 72

## 【さ】

- 三角条件 .................... 86
- 磁化ベクトル ................. 113
- 時間変位 ..................... 41
- 磁気回転比 ................... 111
- 磁気緩和現象 ................. 115
- 磁気モーメント ................ 110
- 実数型表現（波動関数の-） .... 25
- 射影演算子 ................... 123
- 周期性 ........................ 7
- 縮退（縮重） ................. 129
- 受動的な見方 .................. 40
- 純粋状態 ..................... 72
- 昇降演算子 ................ 12, 51
- 上昇演算子 ................... 29
- スカラー演算子 ................ 20
- スカラーポテンシャル ......... 109
- スピノール（スピナー） ........ 54
- スピン一重項 .................. 94
- スピン回転 .................... 70
- スピン間相互作用 .............. 97
- スピン軌道相互作用 ........... 101
- スピン三重項 .................. 94
- スペクトルの微細構造 ......... 101
- ゼーマン効果
    - 異常- .................... 112
    - 正常- .................... 112
- 摂動エネルギー ............... 115
- 漸化式 ....................... 87
- 選択則 ....................... 86

## 【た】

- ダイアディック（dyadic） ..... 124
- テイラー展開 .............. 46, 70
- ディラック定数 ................. 1
- ディラック方程式 .............. 56
- テンソル演算子 ................ 19
- テンソル力 .................... 69
- 動径波動関数 ................. 131
- 同時固有状態 ............. 12, 127

## 【な】

- 内部自由度 ................... 51
- 能動的な見方 .................. 40

## 【は】

- パウリ行列 .................... 53
- パウリの排他原理 .............. 62
- 場の量子論（場の量子力学） .... 62
- 反交換関係 .................... 59
- 非エルミート .............. 12, 51
- 非可換性 ..................... 17
- 負エネルギー .................. 57
- フェルミ粒子（フェルミオン） ... 62
- ブラケット表記 ............... 120
- ブラベクトル ................. 121
- プランク定数 ................... 1
- ブロッホ球 .................... 79
- ブロッホ・ベクトル ............ 72
- 閉鎖量子系 ................... 119
- ベクトル演算子 ................ 20

ベクトル積（外積） .......... 1, 42
ベクトルポテンシャル ......... 109
ポアンカレ・ベクトル .......... 73
ボーア磁子 .................... 111
ボース粒子（ボソン） .......... 62

## 【ま】
魔法の数 ...................... 101

## 【や】
有効磁場 ...................... 114

ユニタリ演算子 ................ 41
ユニタリ変換 .................. 43
揺らぎ（起動角運動量の $x, y$ 成分の-） ........................ 31
陽電子 ........................ 57

## 【ら】
ラーモア歳差運動 ............. 113
ラーモア周波数 ............... 113
ルジャンドルの陪関数 .......... 14

## 著者紹介

**岡本良治**（おかもと りょうじ）

| | |
|---|---|
| 1975 年 | 九州大学大学院理学研究科博士課程<br>物理学専攻単位取得退学 |
| 1976 年 | 理学博士 |
| 1975 年 4 月-76 年 3 月 | 日本学術振興会奨励研究員 |
| 1978 年 | 九州工業大学工学部 講師 |
| 1980 年 | 九州工業大学工学部 助教授 |
| 1994 年 | 九州工業大学工学部 教授 |
| 2008-11 年 | 九州工業大学大学院工学院 教授 |
| 2011 年 | 定年退職．九州工業大学名誉教授 |
| 専　門 | 原子核物理学 |
| 趣味等 | ワールドミュージック CD を聞くこと，<br>国内外の美術作品を鑑賞すること，<br>野山歩き，水泳など． |

---

フロー式 物理演習シリーズ 20
**スピンと角運動量**
量子の世界の回転運動を理解するために

*Spin and Angular momentum*
*For Understanding Rotational*
*Motion in Quantum World*

2014 年 2 月 15 日　初版 1 刷発行
2015 年 9 月 20 日　初版 2 刷発行

| | |
|---|---|
| 著　者 | 岡本良治 ⓒ 2014 |
| 監　修 | 須藤彰三<br>岡　真 |
| 発行者 | 南條光章 |
| 発行所 | 共立出版株式会社 |
| | 東京都文京区小日向 4-6-19<br>電話　03-3947-2511　(代表)<br>郵便番号　112-0006<br>振替口座　00110-2-57705<br>URL http://www.kyoritsu-pub.co.jp/ |
| 印　刷 | 大日本法令印刷 |
| 製　本 | 協栄製本 |

一般社団法人
自然科学書協会
会員

検印廃止
NDC 421.3
ISBN 978-4-320-03519-5

Printed in Japan

---

JCOPY ＜出版者著作権管理機構委託出版物＞
本書の無断複製は著作権法上での例外を除き禁じられています．複製される場合は，そのつど事前に，出版者著作権管理機構（TEL：03-3513-6969，FAX：03-3513-6979，e-mail：info@jcopy.or.jp）の許諾を得てください．

# カラー図解 物理学事典

Hans Breuer [著]　Rosemarie Breuer [図作]
杉原　亮・青野　修・今西文龍・中村快三・浜　満 [訳]

ドイツ Deutscher Taschenbuch Verlag 社の『dtv-Atlas 事典シリーズ』は，見開き2ページで一つのテーマ（項目）が完結するように構成されている。右ページに本文の簡潔で分かり易い解説を記載し，左ページにそのテーマの中心的な話題を図像化して表現し，本文と図解の相乗効果で，より深い理解を得られように工夫されている。本書は，この事典シリーズのラインナップ『dtv-Atlas Physik』の日本語翻訳版であり，基礎物理学の要約を提供するものである。内容は，古典物理学から現代物理学まで物理学全般をカバーし，使われている記号，単位，専門用語，定数は国際基準に従っている。

■菊判・412頁・定価（本体5,500円＋税）　≪日本図書館協会選定図書≫

# ケンブリッジ 物理公式ハンドブック

Graham Woan [著] ／ 堤　正義 [訳]

この『ケンブリッジ物理公式ハンドブック』は，物理科学・工学分野の学生や専門家向けに手早く参照できるように書かれた必須のクイックリファレンスである。数学，古典力学，量子力学，熱・統計力学，固体物理学，電磁気学，光学，天体物理学など学部の物理コースで扱われる2,000以上の最も役に立つ公式と方程式が掲載されている。詳細な索引により，素早く簡単に欲しい公式を発見することができ，独特の表形式により式に含まれているすべての変数を簡明に識別することが可能である。この度，多くの読者からの要望に応え，オリジナルのB5判に加えて，日々の学習や復習，仕事などに最適な，コンパクトで携帯に便利な"ポケット版（B6判）"を新たに発行。

■B5判・298頁・定価（本体3,300円＋税）　■B6判・298頁・定価（本体2,600円＋税）

# 独習独解 物理で使う数学 完全版

Roel Snieder著・井川俊彦訳　物理学を学ぶ者に必要となる数学の知識と技術を分かり易く解説した物理数学（応用数学）の入門書。読者が自分で問題を解きながら一歩一歩進むように構成してある。それらの問題の中に基本となる数学の理論や物理学への応用が含まれている。内容はベクトル解析，線形代数，フーリエ解析，スケール解析，複素積分，グリーン関数，正規モード，テンソル解析，摂動論，次元論，変分論，積分の漸近解などである。■A5判・576頁・定価（本体5,500円＋税）

## 共立出版

http://www.kyoritsu-pub.co.jp/　（価格は変更される場合がございます）

## パウリ行列の公式

$$[\hat{\sigma}_j, \hat{\sigma}_k] = 2\mathrm{i}\sum_{\ell=1}^{3}\varepsilon_{jk\ell}\hat{\sigma}_\ell, \ \{\hat{\sigma}_j, \hat{\sigma}_k\} = 2\delta_{jk}\hat{1}^{(2)}, \ \{j,k,\ell\} = 1,2,3.$$

$$(\hat{\boldsymbol{\sigma}}\cdot\boldsymbol{A})(\hat{\boldsymbol{\sigma}}\cdot\boldsymbol{B}) = \boldsymbol{A}\cdot\boldsymbol{B}\hat{1}^{(2)} + \mathrm{i}\hat{\boldsymbol{\sigma}}\cdot(\boldsymbol{A}\times\boldsymbol{B})$$

$$\hat{\boldsymbol{\sigma}}\times\hat{\boldsymbol{\sigma}} = 2\mathrm{i}\hat{\boldsymbol{\sigma}}, \ (\hat{\boldsymbol{\sigma}}_1\cdot\hat{\boldsymbol{\sigma}}_2)^2 = 3\hat{1}^{(2)} - 2(\hat{\boldsymbol{\sigma}}_1\cdot\hat{\boldsymbol{\sigma}}_2)$$

## スピン回転の演算子

$$\mathrm{e}^{-\mathrm{i}\theta\hat{s}_j/\hbar} = \mathrm{e}^{-\mathrm{i}(\theta/2)\hat{\sigma}_j} = \cos\left(\frac{\theta}{2}\right)\cdot\hat{1}^{(2)} - \mathrm{i}\sin\left(\frac{\theta}{2}\right)\cdot\hat{\sigma}_j, \ (j = x,y,z)$$

## C.G. 係数とその性質

$$|JM\rangle = \sum_{m_1=-j_1}^{j_1}\sum_{m_2=-j_2}^{j_2}\langle j_1 m_1 j_2 m_2|JM\rangle|j_1 m_1\rangle|j_2 m_2\rangle,$$

$$|j_1 m_1 j_2 m_2\rangle = \sum_J \langle j_1 m_1 j_2 m_2|JM\rangle|JM\rangle,$$

$$\langle j_1 m_1 j_2 m_2|JM\rangle = 0, \ (m_1 + m_2 \neq M),$$

$$|j_1 - j_2| \leq J \leq j_1 + j_2, \ |J - j_1| \leq j_2 \leq J + j_1, \ |J - j_2| \leq j_1 \leq J + j_2,$$

$$\sum_{m_1(m_2)}\langle j_1 m_1 j_2 m_2|JM\rangle\langle j_1 m_1 j_2 m_2|J'M'\rangle = \delta_{JJ'}\delta_{MM'},$$

$$\sum_J \langle j_1 m_1 j_2 m_2|JM\rangle\langle j_1 m_1' j_2 m_2'|JM\rangle = \delta_{m_1 m_1'}\delta_{m_2 m_2'},$$

$$\langle j_1 m_1 j_2 m_2|JM\rangle = (-1)^{j_1+j_2-J}\langle j_2 m_2 j_1 m_1|JM\rangle$$

$$= (-1)^{j_1+j_2-J}\langle j_1,-m_1 j_2,-m_1|J,-M\rangle$$

$$= (-1)^{j_1-m_1}\sqrt{\frac{2j_1+1}{2j_2+1}}\langle j_1 m_1 J,-M|j_2,-m_2\rangle$$

$$= (-1)^{j_2+m_2}\sqrt{\frac{2j_2+1}{2j_1+1}}\langle J,-M j_2 m_2|j_1,-m_1\rangle$$

## 2 電子系の合成スピン状態

$$|S=1, M=1\rangle \equiv |\alpha_1\alpha_2\rangle,$$

$$|S=1, M=0\rangle \equiv \frac{1}{\sqrt{2}}\{|\alpha_1\beta_2\rangle + |\beta_1\alpha_2\rangle\},$$

$$|S=1, M=-1\rangle \equiv |\beta_1\beta_2\rangle,$$

$$|S=0, M=0\rangle \equiv \frac{1}{\sqrt{2}}\{|\alpha_1\beta_2\rangle - |\beta_1\alpha_2\rangle\}$$

## スピン交換演算子

$$\hat{P}_{1,2} = \frac{1}{2}\left(1 + \hat{\boldsymbol{\sigma}}_1\cdot\hat{\boldsymbol{\sigma}}_2\right)$$